智能规划理论和方法研究

杨 柳 刘陶唐 编著

北 京
冶 金 工 业 出 版 社
2017

内 容 提 要

智能规划是人工智能的一个重要研究领域。本书主要介绍了与经典智能规划和不确定性规划相关的理论基础，主要包括概率论基础、布尔表达式及其描述、经典规划求解技术、智能规划语言、马尔科夫决策过程、代数决策图、贝叶斯网络等，旨在让感兴趣的研究者对这一研究领域的相关内容有一个完整的了解。

本书可作为计算机专业学生和研究人员及工程技术人员的参考用书。

本书由黑龙江省教育厅项目（项目编号：12541835）资助出版。

图书在版编目(CIP)数据

智能规划理论和方法研究/杨柳，刘陶唐编著．—北京：
冶金工业出版社，2017.7
ISBN 978-7-5024-7525-3

Ⅰ.①智… Ⅱ.①杨… ②刘… Ⅲ.①人工智能—研究
Ⅳ.①TP18

中国版本图书馆 CIP 数据核字（2017）第 105366 号

出 版 人 谭学余
地　　址　北京市东城区嵩祝院北巷 39 号　邮编　100009　电话　(010)64027926
网　　址　www.cnmip.com.cn　电子信箱　yjcbs@cnmip.com.cn
责任编辑　曾　媛　美术编辑　彭子赫　版式设计　孙跃红
责任校对　李　娜　责任印制　李玉山
ISBN 978-7-5024-7525-3
冶金工业出版社出版发行；各地新华书店经销；北京虎彩文化传播有限公司印刷
2017 年 7 月第 1 版，2017 年 7 月第 1 次印刷
169mm×239mm；6.75 印张；131 千字；100 页
39.00 元

冶金工业出版社　投稿电话　(010)64027932　投稿信箱　tougao@cnmip.com.cn
冶金工业出版社营销中心　电话　(010)64044283　传真　(010)64027893
冶金书店　地址　北京市东四西大街 46 号(100010)　电话　(010)65289081(兼传真)
冶金工业出版社天猫旗舰店　yjgycbs.tmall.com
（本书如有印装质量问题，本社营销中心负责退换）

前　言

　　智能规划是用人工智能理论与技术自动或半自动地生成一组动作序列（或称一个"计划"），用以实现期望的目标。智能规划是智能系统理论与应用研究的重要分支。

　　不确定性推理是人工智能研究的重要课题之一，从20世纪60~70年代以来，人们提出了多种方法，如概率方法、非单调逻辑、模糊逻辑等。在这些方法中，概率方法是最自然也是最早被尝试的方法之一，因为概率论本身是关于随机现象和不确定性的数学理论。

　　不确定性通过对经典规划问题假设的适当放宽形成了非经典问题，主要研究系统初始状态不确定和动作效果不确定对求解的影响。对动作执行效果的不确定性，决策理论的应用是一种自然的选择。采用马尔科夫决策过程是一种主要的表达和求解方法。

　　贝叶斯网络是为了处理人工智能研究中的不确定性（uncertainty）问题而发展起来的，贝叶斯网络是将概率统计应用于复杂领域进行不确定性推理和数据分析的工具，是一种系统地描述随机变量之间关系的工具。建立贝叶斯网络的目的主要是进行概率推理，用概率论处理不确定性的主要优点是保证推理结果的正确性。

　　布尔代数是逻辑系统设计的重要基石，人工智能规划与调度等领域的许多问题都可归结为逻辑函数及其序列的操作和运算，布尔函数的表达及操作对合理有效解决这些领域中的问题起着重要的作用。二元判定图（BDD）、有序的二元判定图（OBDD）、代数决策图（ADD）是布尔函数表述和操作中最为有效的技术，可以有效减缓甚至避免问题处理过程中的状态组合复杂性。

　　规划问题必须用形式化语言来进行描述，才能被规划系统读入进行求解。因此，规划语言的描述能力和自身的完善性对智能规划研究领域是至关重要的。

本书对经典规划和非经典规划中的相关理论和方法进行了介绍分析。全书共8章：第1章介绍了概率论的基础知识；第2章为布尔表达式及相关描述；第3章介绍了经典规划求解技术；第4章对智能规划语言进行了总结；第5章介绍了马尔科夫决策过程；第6章介绍了代数决策图和相关操作；第7章对贝叶斯网络进行了简要介绍；第8章介绍了最新的 multi-agent 规划系统国际比赛情况。

由于作者水平所限，书中疏漏和不妥之处，恳请读者批评指正。

作　者

2017 年 1 月

目　　录

1 概率论基础

概率论是研究随机现象数量规律的数学分支。随机现象是相对于决定性现象而言的。在一定条件下必然发生某一结果的现象称为决定性现象。事件的概率是衡量该事件发生的可能性的量度。虽然在一次随机试验中某个事件的发生是带有偶然性的，但那些可在相同条件下大量重复的随机试验却往往呈现出明显的数量规律。下面简要介绍概率论中的基本概念。

（1）事件空间。基本事件空间（space of elementary event）概率论的基本概念之一，指同一问题中的所有基本事件组成的集合。在统计学中习惯称为样本空间，它的元素称为样本点，即基本事件。事件空间所含元素个数为有限或可数时，分别称为有限基本事件空间或离散基本事件空间。

（2）随机变量。随机变量的定义是，如果对于试验的样本空间 Ω 中的每一个样本点 ω，变量 X 都有一个确定的实数值与之对应，则变量 X 是样本点 ω 的实函数。这样的变量称为随机变量，记作：$X = X(\omega)$。随机变量通常用大写英文字母 X，Y，Z，… 表示。随机变量首先是变量，取值是实数。它的取值随着试验结果的变化而变化。

用随机变量刻画随机事件：

随机变量 X 取得某一数值 x，记作：$X = x$，这是一个随机事件。随机变量 X 取得不大于实数 x 的值，记作：$X \leq x$，也是一个随机事件。以下都是随机事件：$a \leq X < b$，$a < X < b$，$a < X \leq b$，$a \leq X \leq b$。一般来说，关于随机变量的等式或不等式都是随机事件。

随机变量的类型如下：

1）离散型随机变量。仅可能取得有限个或可数无穷多个数值。例如，孵化一枚种蛋可能结果只有两种，即"孵出小鸡"与"未孵出小鸡"。若用变量 x 表示试验的两种结果，则可令 $X = 0$ 表示"未孵出小鸡"，$X = 1$ 表示"孵出小鸡"。

2）连续型随机变量。可以取得某一区间内的任何数值。例如，测定某品种猪初生重，表示测定结果的变量 X 所取的值为一个特定范围 (a, b)，如 $0.5 \sim 1.5\text{kg}$，X 值可以是这个范围内的任何实数。

（3）概率分布。概率分布是概率论的基本概念之一，用以表述随机变量取值的概率规律。为了使用的方便，根据随机变量所属类型的不同，概率分布取不同的表现形式，可以为描述随机变量值 X_i 及这些值对应概率 $P(X = X_i)$ 的表格、公式或图形。

(4) 先验概率。事件发生前的预判概率。可以是基于历史数据的统计,可以由背景常识得出,也可以是人的主观观点给出。一般都是单独事件概率,如 $P(X)$,$P(Y)$。

(5) 联合分布和边缘分布。设 E 是一个随机试验,它的样本空间是 Ω,设 x_1,x_2,$\cdots$,x_n 是定义在 Ω 上的 n 个随机变量,由它们构成的一个向量 $(x_1$,x_2,$\cdots$,$x_n)$ 称为 n 维随机向量或 n 维随机变量。

特别地,当 $n=2$ 时,即 $(x_1$,$x_2)$,称为二维随机向量或二维随机变量。

【例1-1】 炮弹的弹着点的位置 (X,Y) 就是一个二维随机变量。

【例1-2】 考察某一地区学前儿童的发育情况,则儿童的身高 H 和体重 W 就构成二维随机变量 (H,W)。

联合分布描述了多个随机变量的概率分布,是对单一随机变量的自然拓展。联合分布的多个随机变量都定义在同一个样本空间中。

对多个随机变量 X_1,X_2,$\cdots$,X_n,可以用联合概率分布 $P(X_1,X_2,\cdots,X_n)$,简称联合概率分布来描述各变量所有可能的状态组合的概率。

它是一个定义在所有变量状态空间的笛卡尔乘积之上的函数,其所有函数值之和为1,即 $\sum\limits_{X_1,\cdots,X_n} P(X_1,\cdots,X_n)=1$。联合分布常被表示为一张表,如果所有变量都只有两个状态,则联合分布表中共有 2^n 个项,刻画了变量之间的各种关系。

设二维离散型随机变量 (X,Y) 的所有可能取的值为 (x_i,y_i),$i,j=1$,2,$\cdots$,记作 $P\{X=x_i,Y=y_i\}=P_{ij}$,$i,j=1,2,\cdots$,称此为二维离散型随机变量 (X,Y) 的联合分布律,或随机变量 X 和 Y 的联合分布律。注意: $(X=x_i,Y=y_i)=(X=x_i)\cap(Y=y_i)$,$i=1,2,\cdots$。

二维随机变量 (X,Y) 的联合分布列也可表示为表1-1。

表1-1 二维随机变量的联合分布

Y \ X	x_1	x_2	$\cdots$	x_i	$\cdots$
y_1	P_{11}	P_{21}	$\cdots$	P_{i1}	$\cdots$
y_2	P_{12}	P_{22}	$\cdots$	P_{i2}	$\cdots$
$\vdots$	$\vdots$	$\vdots$	$\vdots$	$\vdots$	$\vdots$
y_i	P_{1j}	P_{2j}	$\cdots$	P_{ij}	$\cdots$
$\vdots$	$\vdots$	$\vdots$	$\vdots$	$\vdots$	$\vdots$

联合分布的性质如下:

1) $P_{ij} = P(x_i, y_j) \geqslant 0$；

2) $\sum_i \sum_j P_{ij} = \sum_i \sum_j P(x_i, y_j) = 1$；

3) $P(X = x_i) = \sum_{j=1}^{\infty} p_{ij} = p_{i\cdot}$，$P(Y = y_i) = \sum_{i=1}^{\infty} p_{ij} = p_{\cdot j}$。

分别称 $p_{i\cdot}(i=1, 2, \cdots)$、$p_{\cdot j}(j=1, 2, \cdots)$ 为 (X, Y) 关于 X 和关于 Y 的边缘分布列，见表 1-2。

表 1-2 联合分布及边缘分布列

Y \ X	x_1	$\cdots$	x_i	$\cdots$	$P_{\cdot j}$
y_1	p_{11}	$\cdots$	p_{i1}	$\cdots$	$p_{\cdot 1}$
$\vdots$	$\vdots$	$\vdots$	$\vdots$	$\vdots$	$\vdots$
y_i	p_{1j}	$\cdots$	p_{ij}	$\cdots$	$p_{\cdot j}$
$\vdots$	$\vdots$	$\vdots$	$\vdots$	$\vdots$	$\vdots$
$P_{i\cdot}$	$p_{1\cdot}$	$\cdots$	$p_{i\cdot}$	$\cdots$	1

联合分布可以唯一地确定边缘分布，边缘分布却不能唯一确定联合分布。

【例 1-3】 考虑市场上所有出租房屋，从中随机抽取一间，考查其月租 (R) 和类型 (T) 这两个随机变量，月租分为 4 等：{low(低于 1000 元)，medium(1000 ～ 2500 元)，upper medium(2500 ～ 4000 元)，high(高于 4000 元)}。类型有 3 种：{public(公屋)，private(私家屋)，others(其他)}。联合分布 $P(R, T)$ 见表 1-3。

表 1-3 联合分布 $P(R, T)$

R \ T	public	private	others
low	0.17	0.01	0.02
medium	0.44	0.03	0.01
upper medium	0.09	0.07	0.01
high	0	0.14	0.01

从表中可知，随机抽到中价公屋的可能性最大，为 44%。

边缘概率分布：在例 1-3 中，由于有了联合分布 $P(R, T)$，所以可以回答这样的问题：随机抽取一间出租房屋为公屋的概率 $P(T=\text{public})$ 是多少？

根据概率的有限可加性：

$$P(T = \text{public}) = P(T = \text{public}, R = \text{low}) + P(T = \text{public}, R = \text{medium}) +$$
$$P(T = \text{public}, R = \text{upper medium}) +$$

$$P(T = \text{public}, R = \text{high})$$
$$= 0.7$$

同样地，可以计算 $P(T = \text{private})$，$P(T = \text{others})$：

$$P(T = \text{private}) = P(T = \text{private}, R = \text{low}) +$$
$$P(T = \text{private}, R = \text{medium}) +$$
$$P(T = \text{private}, R = \text{upper medium}) +$$
$$P(T = \text{private}, R = \text{high})$$
$$= 0.25$$

$$P(T = \text{others}) = P(T = \text{others}, R = \text{low}) +$$
$$P(T = \text{others}, R = \text{medium}) +$$
$$P(T = \text{others}, R = \text{upper medium}) +$$
$$P(T = \text{others}, R = \text{high})$$
$$= 0.05$$

为了简化记号，上面三式可分别缩写为：

$$P(T = \text{public}) = \sum_R P(T = \text{public}, R)$$

$$P(T = \text{private}) = \sum_R P(T = \text{private}, R)$$

$$P(T = \text{others}) = \sum_R P(T = \text{others}, R)$$

这三个式子还可以进一步合并为下式：

$$P(T) = \sum_R P(T, R)$$

相对于联合分布 $P(R, T)$，$P(T)$ 称为边缘分布。表1-4同时给出了联合分布 $P(R, T)$ 和边缘分布 $P(T)$，$P(R)$。

表1-4　联合分布 $P(R, T)$ 和边缘分布 $P(T)$，$P(R)$

R ＼ T	public	private	others	$P(R)$
low	0.17	0.01	0.02	0.20
medium	0.44	0.03	0.01	0.48
upper medium	0.09	0.07	0.01	0.17
high	0	0.14	0.01	0.15
$P(T)$	0.70	0.25	0.05	

从联合分布 $P(X)$ 到边缘分布 $P(Y)$ 的过程称为边缘化。

（6）联合概率。表示两个事件共同发生（数学概念上的交集）的概率。A 与 B 的联合概率表示为 $P(A \cap B)$。

(7) 条件概率。条件概率就是事件 A 在另外一个事件 B 已经发生条件下的发生概率。条件概率表示为 $P(A|B)$，读作"在 B 发生的条件下 A 发生的概率"。定义为：

$$P(A|B) = \frac{P(AB)}{P(B)}$$

反过来可以用条件概率表示 A、B 的乘积概率，即有乘法公式。

若 $P(B) \neq 0$，则 $P(AB) = P(B)P(A|B)$，同样有：

若 $P(A) \neq 0$，则 $P(AB) = P(A)P(B|A)$。

【例 1-4】 在掷骰子试验中，掷出 6 的概率为 1/6。假定投掷后被告知"掷出的结果是偶数"，问此时对结果为 6 的信度是多少？

设掷出 6 为事件 A，掷出结果为偶数为事件 B，则 $P(A) = 1/6$，$P(B) = 1/2$，$P(A \cap B) = 1/6$。所问的问题即是要计算如下条件概率：

$$P(A|B) = \frac{P(A \cap B)}{P(B)} = \frac{1/6}{1/2} = \frac{1}{3}$$

(8) 条件分布。设 X 和 Y 是两个随机变量，x 和 y 分别是它们的一个取值。考虑事件 $X=x$ 在给定 $Y=y$ 时的条件概率为 $P(X = x | Y = y) = \frac{(X = x, \ Y = y)}{P(Y = y)}$。

在上式中，固定 y，让 x 在 Ω_X 上变动，则得到一个在 Ω_X 上的函数，这个函数称为在给定 $Y=y$ 时变量 X 的概率分布，记为 $P(X | Y = y)$。用 $P(X|Y)$ 记作 $\{P(X|Y=y) | y \in \Omega_Y\}$，即在 Y 取不同值时 X 的条件概率分布的集合。$P(X|Y)$ 称为给定 Y 时变量 X 的条件概率分布。在上式中，让 x 和 y 在 Ω_X 和 Ω_Y 上变动，则得到一组等式。把这些等式缩写为 $P(X|Y) = \frac{P(X, Y)}{P(Y)}$。该式可视为是 $P(X|Y)$ 的直接定义。

更一般地，设 $X = \{X_1, \cdots, X_n\}$ 和 $Y = \{Y_1, \cdots, Y_m\}$ 为两个变量集合，$P(X, Y)$ 为 $X \cup Y$ 的联合概率分布，$P(Y)$ 为 Y 的边缘概率分布，则给定 Y 时 X 的条件概率分布定义为 $P(X|Y) = \frac{P(X, Y)}{P(Y)}$。

【例 1-5】 在例 1-3 中问：随机抽取一间私家屋，其租金为 low 的概率多大？

这即是问给定 $T=\text{private}$ 时，$R=\text{low}$ 的条件概率 $P(R = \text{low} | T = \text{private})$ 按定义，有

$$P(R = \text{low} | T = \text{private}) = \frac{P(R = \text{low}, \ T = \text{private})}{P(T = \text{private})} = \frac{0.01}{0.25} = 0.04$$

给定 T 时，变量 R 的条件 $P(R|T)$ 分布，见表 1-5。

表 1-5　变量 R 的条件 $P(R|T)$ 分布

T ＼ R	low	medium	upper medium	high
public	$\dfrac{0.17}{0.7}$	$\dfrac{0.44}{0.7}$	$\dfrac{0.09}{0.7}$	$\dfrac{0}{0.7}$
private	$\dfrac{0.01}{0.25}$	$\dfrac{0.03}{0.25}$	$\dfrac{0.07}{0.25}$	$\dfrac{0.14}{0.25}$
others	$\dfrac{0.02}{0.05}$	$\dfrac{0.01}{0.05}$	$\dfrac{0.01}{0.05}$	$\dfrac{0.01}{0.05}$

表中第 1 行显示的是在给定 $T=$ public 时，R 的条件概率分布，第 2 行是在给定 $T=$ private 时，R 的条件概率分布等。这里每行的数字之和为 1，即 $\sum_{R} P(R|T)=1$。这与例 1-3 所列的联合分布 $P(R,T)$ 不同，那个表中所有数字之和为 1，即 $\sum_{R,T} P(R|T)=1$。

【例 1-6】　设有一袋积木，每块积木有 3 个属性：颜色、材料和形状。设积木的颜色只能是红（r）或蓝（b）两种，材料只能是金属（m）或木头（w），形状只能是正方体（6）或正四面体（4）。设 C, M, S 为 3 个随机变量，分别代表从袋中随机取出一块积木的颜色、材料和形状，则 $\Omega_C=\{r, b\}$，$\Omega_M=\{m, w\}$，$\Omega_S=\{6, 4\}$。

设联合概率分布 $P(C, M, S)$ 为：

C	M	S	$P(C, M, S)$
r	m	6	0.10
r	m	4	0.10
r	w	6	0.25
r	w	4	0.05
b	m	6	0.15
b	m	4	0.10
b	w	6	0.20
b	w	4	0.05

那么，变量 C 和 M 的边缘分布 $P(C, M)$ 为：

C	M	$P(C, M)$
r	m	0.20
r	w	0.30
b	m	0.25
b	w	0.25

条件分布为 $p(C \mid M)$ 为:

M $\diagdown$ C	r	b
m	$\dfrac{4}{9}$	$\dfrac{5}{9}$
w	$\dfrac{6}{11}$	$\dfrac{5}{11}$

两个事件的乘法公式还可以推广到 n 个事件, 即

$$P(A_1, A_2, \cdots, A_n) = P(A_1)P(A_2 \mid A_1) \cdot P(A_3 \mid A_1 A_2) \cdots P(A_n \mid A_1 A_2, \cdots, A_{n-1})$$

称为链式规则。

随机变量形式链式规则:

$$P(X_1 = x_1, X_2 = x_2, \cdots, X_n = x_n) = P(X_1 = x_1)P(X_2 = x_2 \mid X_1 = x_1) \cdots$$
$$P(X_n = x_n \mid X_1 = x_1, X_2 = x_2, \cdots, X_{n-1} = x_{n-1})$$

或简写为 $P(x_1, x_2, \cdots, x_n) = P(x_1)P(x_2 \mid x_1) \cdots P(x_n \mid x_1, x_2, \cdots, x_{n-1})$。

(9) 独立性:

1) 事件的独立。事件 A、B, 若其中任一事件的发生概率不受另一事件发生与否的影响, 称事件 A, B 相互独立。

数学式子表示: $P(B) = P(B \mid A)$, 由乘法公式写成

$$P(AB) = P(A)P(B \mid A) = P(A)P(B)$$

由此导出了事件间的相互独立:

①两个事件的独立性。定义 1 若两事件 A, B 满足

$$P(AB) = P(A)P(B)$$

则称独立, 或称 A, B 相互独立。

②有限个事件的独立性。设 A, B, C 为三个事件, 若满足等式

$$\begin{cases} P(AB) = P(A)P(B) \\ P(AC) = P(A)P(C) \\ P(BC) = P(B)P(C) \\ P(ABC) = P(A)P(B)P(C) \end{cases}$$

则称事件 A, B, C 相互独立。

对 n 个事件的独立性, 可类似地定义:

设 A_1, A_2, $\cdots$, A_n 是 $n(n > 1)$ 个事件, 若对任意 $k(1 < k \leqslant n)$ 个事件

$$A_{i1}, A_{i2}, \cdots, A_{ik}(1 \leqslant i_1 < i_2 < \cdots < i_k \leqslant n)$$

均满足等式 $\qquad P(A_{i1}A_{i2}\cdots A_{ik}) = P(A_{i1})P(A_{i2})\cdots P(A_{ik})$

则称 A_1, A_2, $\cdots$, A_n 相互独立。

2) 变量独立。两个随机变量 X 和 Y 称为相互 (边缘) 独立, 记为 $X \perp Y$,

如果下式成立：

$$P(X, Y) = P(X)P(Y)$$

考虑变量 Y 的某个取值 y，如果 $P(Y = y) > 0$，则由上式可得 $P(X) = P(X | Y = y)$，$P(X | Y = y)$ 是已知 $Y = y$ 时，变量 X 的概率分布，而 $P(X)$ 是未知 Y 的取值时 X 的概率分布。所以，变量 X 与 Y 相互独立意味着：对变量 Y 的取值的了解不会改变变量 X 的概率分布；同样，对变量 X 的取值的了解也不会改变 Y 的概率分布。

更一般地，称随机变量 X_1，X_2，$\cdots$，X_n 相互（边缘）独立，如果

$$P(X_1, X_2, \cdots, X_n) = P(X_1)P(X_2)\cdots P(X_n)$$

【例1-7】 设有 3 个装有黑白两色球的口袋，第 1 个口袋黑白球各半，第 2 个口袋黑白球比例为 4：1，第 3 个则全是黑球。设随机变量 X，Y，Z 分别代表从这 3 个口袋随机抽出的球的颜色，其状态空间为 $\Omega_X = \Omega_Y = \Omega_Z = \{w, b\}$，其中 w 表示白，b 表示黑。从 3 个袋子中抽球，所得球的颜色的联合概率分布 $P(X, Y, Z)$ 如下：

X	Y	Z	$P(X, Y, Z)$
w	w	w	0
w	w	b	0.1
w	b	w	0
w	b	b	0.4
b	w	w	0
b	w	b	0.1
b	b	w	0
b	b	b	0.4

而边缘分布 $P(X)$、$P(Y)$ 和 $P(Z)$ 则分别如下：

X	w	b	Y	w	b	Z	w	b
$P(X)$	0.5	0.5	$P(Y)$	0.2	0.8	$P(Z)$	0	1

容易验证 $P(X, Y, Z) = P(X)P(Y)P(Z)$，即 X，Y，Z 相互边缘独立。

考虑 3 个随机变量 X、Y 和 Z，设 $P(Z = z) > 0$，$\forall z \in \Omega_z$。我们说 X 和 Y 在给定 Z 时相互条件独立，记为 $X \perp Y | Z$。如果下式成立：

$$P(X, Y | Z) = P(X | Z)P(Y | Z)$$

设 y 和 z 分别是 Y 和 Z 的任意取值，且 $P(Y = y, Z = z) > 0$，由 $P(X, Y | Z) = P(X | Z)P(Y | Z)$ 可得 $P(X | Y = y, Z = z) = P(X | Z = z)$，$P(X | Z = z)$ 是在已知 $Z = z$ 时，X 的概率分布。而 $P(X | Y = y, Z = z)$ 是在已知 $Y = y$ 以及 $Z = z$ 时，X 的概率

分布。因此 $X \perp Y|Z$ 的直观含义是：在已知 Z 的前提下，对 Y 的取值的了解不影响 X 的概率分布。注意：这并不意味着在未知 Z 的取值时，X 和 Y 相互独立。$Y = y$ 有可能含有关于 X 的信息，只是所有这样的信息也都包含于 $Z = z$ 中，所以当已知 $Z = z$ 时，进一步了解到 $Y = y$ 并不增加关于 X 的信息。当然，$X \perp Y|Z$ 也意味着，在已知 Z 的取值时，对 X 的取值的了解不影响 Y 的概率分布。

（10）贝叶斯定理。先验概率和后验概率这两个概念是相对于某组证据而言的。设 H 和 E 为两个随机变量，$H = h$ 为某一假设，$E = e$ 为一组证据。在考虑 $E = e$ 之前，对事件 $H = h$ 的概率估计 $P(H = h)$ 称为先验概率，而在考虑证据之后，对 $H = h$ 的概率估计 $P(H = h|E = e)$ 称为后验概率。贝叶斯定理描述了先验概率和后验概率之间的关系：

$$P(H = h|E = e) = \frac{P(H = h)P(E = e|H = h)}{P(E = e)}$$

这又称为贝叶斯规则，或贝叶斯公式。

2 布尔表达式及其描述

布尔表达式是布尔代数上的按照一定规则形成的符号串。它是逻辑演算、逻辑电路总和等的有效形式化符号描述。本章对布尔表达式相关的布尔代数、布尔函数以及布尔函数的规范式进行讨论；同时，讨论命题公式、逻辑电路和布尔表达式之间的联系，以及描述布尔表达式的真值表、决策树和二叉决策树。

2.1 布尔函数

布尔代数是英国数学家 George Boole（乔治·布尔）19 世纪提出来的将古典逻辑推理转化为符号数计算的技术。布尔代数是计算技术的自动化技术中逻辑技术的数学基础，因此布尔代数也成为逻辑代数。布尔函数是定义在布尔代数上的一类函数。

2.1.1 布尔代数

定义 2-1 对于非空集合 B（B 中至少包含两个不同元素），以及集合 B 上的二元运算 "·"、"+"、一元运算 "′"，集合 B 中的元素 a, b, $c \in B$，称满足下述条件的多元组 $(B, +, ·, ′)$ 为一个布尔代数：

交换律　对任意 a, $b \in B$，有：

(1) $a · b = b · a$；

(2) $a + b = b + a$。

分配律　对任意 a, b, $c \in B$，有：

(3) $a · (b + c) = (a · b) + (a · c)$；

(4) $a + (b · c) = (a + b) · (a + c)$。

同一律

(5) 二元运算 "+" 存在单位元，称为布尔代数的零元，即存在 $0 \in B$，使得任意 $a \in B$，有 $a + 0 = a$；

(6) 二元运算 "·" 存在单位元，称为布尔代数的单位元，即存在 $1 \in B$，使得任意 $a \in B$，有 $a · 1 = a$。

互补律　对任意 $a \in B$，存在 $a′ \in B$，满足：

(7) $a · a′ = 0$；

（8）$a + a' = 1$。

在上述定义中，元素 $a \in B$ 所对应的 $a' \in B$ 称为元素 a 的补元。为了简便起见，布尔代数 $(B, +, \cdot, ')$ 可简称为布尔代数 B。在布尔代数 B 中，用来表示 B 中任意元素的符号称为布尔变量或者变元，而 B 中确定的元素称为布尔变量或常量。

最简单的二元素布尔代数 B，也就是大家所熟知的二值逻辑系统，是在 $B = \{0, 1\}$ 上定义如下二元运算 " $\cdot$ " " $+$ " 以及一元运算 " $'$ " 的布尔代数 $(B, +, \cdot, ')$，见表 2-1~表 2-3。

表 2-1 真值表（1）	
x	x'
0	1
1	0

表 2-2 真值表（2）		
$\cdot$	0	1
0	0	0
1	0	1

表 2-3 真值表（3）		
$+$	0	1
0	0	1
1	1	1

该布尔代数 B 也称为（二值）开关代数。

对于布尔代数 $(B, +, \cdot, ')$，设任意 $a, b, c \in B$，依据布尔代数的定义，可导出如下布尔代数的一系列基本性质：

（1）（交换律）：$a \cdot b = b \cdot a$，$a + b = b + a$；

（2）（结合律）：$a \cdot (b \cdot c) = (a \cdot b) \cdot c$，$a + (b + c) = (a + b) + c$；

（3）（分配律）：$a \cdot (b + c) = (a \cdot b) + (a \cdot c)$，$a + (b \cdot c) = (a + b) \cdot (a + c)$；

（4）（重叠率）：$a \cdot a \cdot \cdots \cdot a = a$，$a + a + \cdots + a = a$；

（5）（狄摩根律）：$(a \cdot b)' = a' + b'$，$(a + b)' = a' \cdot b'$；

（6）（吸收律）：$a \cdot (a + b) = a$，$a + (a \cdot b) = a$，
$a \cdot (a' + b) = a \cdot b$，$a + (a' \cdot b) = a + b$；

（7）（互补律）：$a \cdot a' = 0$，$a + a' = 1$；

（8）（0-1 律）$a \cdot 0 = 0$，$a + 1 = 1$。

2.1.2 布尔表达式

设布尔函数 $(B, +, \cdot, ')$，令 $x_1, x_2, \cdots, x_n$ 是 n 个变量，用 " $\cdot$ " " $+$ " " $'$ " 把 B 的元素和变量连接起来的表达式就是布尔表达式。

定义 2-2 对于布尔代数 $(B, +, \cdot, ')$，布尔表达式定义为由如下规则构成的有限字符串：

（1）B 中任意一个元素是一个布尔表达式；

（2）B 上的任意一个变量是一个布尔表达式；

（3）若 x 和 y 是布尔表达式，则 $x \cdot y$，$x + y$ 和 x' 也是布尔表达式；

（4）只有有限次运算用（1）~（3）所产生的符号串是布尔表达式。

约定一元运算"'"的优先级最高，其次是"·"，最低的是"+"，这样布尔表达式中可以省去一些括号。

例如，对于布尔代数 $(\{1, 2, 3, 6\}, +, ·, ')$，那么 $1+x$，$x·1+y$，$((2+6)'·(y'+x))·(x·z)'$ 都是该布尔代数上的布尔表达式，并且分别为含有单个变量 x 的布尔表达式，含有两个变量 x 和 y 的布尔表达式，含有三个变量 x、y 和 z 的布尔表达式。

定义 2-3 对于布尔代数 $(B, +, ·, ')$，一个含有 n 个互异变量的布尔表达式，称为含有 n 元的布尔表达式，简称为 n 元布尔表达式，记为 $P(x_1, x_2, \cdots, x_n)$，其中 $x_1, x_2, \cdots, x_n$ 为变量。

定义 2-4 对于布尔代数 $(B, +, ·, ')$ 上的 n 元布尔表达式 $P(x_1, x_2, \cdots, x_n)$，对变量 $x_i(i = 1, 2, \cdots, n)$ 在 B 中取值，并代入布尔表达式 $P(x_1, x_2, \cdots, x_n)$，即对变量赋值，所计算出的结果，称为 n 元布尔表达式 $P(x_1, x_2, \cdots, x_n)$ 的值。

例如，对于布尔代数 $(\{0, 1\}, +, ·, ')$ 上的布尔表达式

$$P(x, y, z) = (x + y) · (x' + y') · (y + z)'$$

如果变量的一组赋值为 $x=1$，$y=0$，$z=1$，那么便可求得

$$P(1, 0, 1) = (1 + 0) · (1' + 0') · (0 + 1)' = 1 · 1 · 0 = 0$$

定义 2-5 对于布尔代数 $(B, +, ·, ')$ 上的 n 元布尔表达式 $P(x_1, x_2, \cdots, x_n)$ 和 $Q(x_1, x_2, \cdots, x_n)$，如果对于 n 个变量的任意赋值，这两个表达式的值都相同，则称这两个布尔表达式等价，记为：

$$P(x_1, x_2, \cdots, x_n) = Q(x_1, x_2, \cdots, x_n)$$

容易验证布尔代数 $(\{0, 1\}, +, ·, ')$ 上的布尔表达式 $P(x, y, z) = (x·y) + (x·z')$ 和 $Q(x, y, z) = x·(y + z')$ 是等价的。可以进行如下验证：

$$P(0, 1, 1) = (0·1) + (0·1') = 0 + 0 = 0$$
$$Q(0, 1, 1) = 0·(1 + 1') = 0·1 = 0$$
$$P(1, 1, 1) = (1·1) + (1·1') = 1 + 0 = 1$$
$$Q(1, 1, 1) = 1·(1 + 1') = 1·1 = 1$$

事实上，可以利用布尔代数的一些恒等式，将一个布尔表达简化为另外一个简单的等价形式。

例如，对于布尔代数 $(B, +, ·, ')$ 上的布尔表达式

$$P(x, y, z) = x'·y'·(z'·x + y')$$

可以进行如下化简：

$$P(x, y, z) = x'·y'·(z'·x + y') = x'·y'·z'·x + x'·y'·y'$$
$$= (x'·x)·y'·z' + x'·(y'·y')$$
$$= 0 + x'·y'$$

$$= x' \cdot y'$$

即布尔表达式 $x' \cdot y' \cdot (z' \cdot x + y')$ 和布尔表达式 $x' \cdot y'$ 等价。

2.1.3 布尔函数

对于布尔代数 $(B, +, \cdot, ')$ 上的任何一个布尔表达式 $P(x_1, x_2, \cdots, x_n)$，由于运算"$\cdot$""$+$"和"$'$"在 B 上的封闭性，所以对于任何 n 元组 $(x_1, x_2, \cdots, x_n)$，$x_i \in B(i = 1, 2, \cdots, n)$ 的一组赋值就可以得到布尔表达式 $P(x_1, x_2, \cdots, x_n)$ 对应的一个值，这个值必属于 B。由此可见，我们说布尔表达式 $P(x_1, x_2, \cdots, x_n)$ 确定了一个由 B^n 到 B 的映射能够用 $(B, +, \cdot, ')$ 上的 n 元布尔表达式来表示，那么这个映射称为布尔函数。

定义 2-6 对于布尔代数 $(B, +, \cdot, ')$，如果一个从 $B^n \rightarrow B$ 的映射能够用 $(B, +, \cdot, ')$ 上的 n 元布尔表达式来表示，那么这个映射称为布尔函数。

对于布尔代数 $(\{0, 1\}, +, \cdot, ')$，表 2-4 所给出的映射 $f: B^n \rightarrow B$ 可以用 B 上的布尔表达式 $f(x, y, z) = x \cdot (y+z')$ 表示，所以 f 是布尔函数。

表 2-4 映射 f

x	y	z	f	x	y	z	f
0	0	0	0	1	0	0	1
0	0	1	0	1	0	1	0
0	1	0	0	1	1	0	1
0	1	1	0	1	1	1	1

对于布尔代数 B，从 $B^n \rightarrow B$ 的映射不一定都能用 B 上的布尔表达式来表示。换言之，任意映射 $f: B^n \rightarrow B$ 不一定都是布尔函数。但是，对于布尔代数 $(\{0, 1\}, +, \cdot, ')$，从 $\{0, 1\}^n$ 到 $\{0, 1\}$ 的任一映射都可以用 $(\{0, 1\}, +, \cdot, ')$ 上的布尔表达式来表示，反之亦然。

定理 2-1 对于布尔代数 $(\{0, 1\}, +, \cdot, ')$，任何一个从 $\{0, 1\}^n$ 到 $\{0, 1\}$ 的映射都是布尔函数。

对于任意一个从 $\{0, 1\}^n$ 到 $\{0, 1\}$ 的映射，先对那些取值为 1 的有序 n 元组分别构造布尔表达式 $u_1 \cdot u_2 \cdot \cdots \cdot u_n$，其中 u_i 是 x_i（若 n 元组中第 i 个分量为 1）或者 x'_i（若 n 元组中的第 i 个分量为 0）。然后，将所得到的布尔表达式用运算符"$+$"列写在一起，得到的字符串便是原来映射所对应的布尔表达式。由此，任意一个从 $\{0, 1\}^n$ 到 $\{0, 1\}$ 的映射都是布尔函数。

定理 2-2（狄摩根定律） 在布尔代数 $(\{0, 1\}, +, \cdot, ')$ 上，n 个变量 $x_1, x_2, \cdots, x_n$ 的布尔函数满足：

(1) $(x_1 + x_2 + \cdots + x_n)' = x'_1 \cdot x'_2 \cdot \cdots \cdot x'_n$;

(2) $(x_1 \cdot x_2 \cdot \cdots \cdot x_n)' = x'_1 + x'_2 + \cdots + x'_n$。

定理 2-3　在布尔代数（$\{0, 1\}$，$+$，$\cdot$，$'$）上，n 个变量 x_1，x_2，$\cdots$，x_n 的布尔函数可对其中任意变量进行如下展开：

(1) $f(x_1, \cdots, x_{i-1}, x_i, x_{i+1} \cdots, x_n) = x_i \cdot f(x_1, \cdots, x_{i-1}, 1, x_{i+1}, \cdots, x_n) + x'_i \cdot f(x_1, \cdots, x_{i-1}, 0, x_{i+1}, \cdots, x_n)$。

(2) $f(x_1, \cdots, x_{i-1}, x_i, x_{i+1}, \cdots, x_n) = (x_i + f(x_1, \cdots, x_{i-1}, 0, x_{i+1}, \cdots, x_n)) \cdot (x'_i + f(x_1, \cdots, x_{i-1}, 1, x_{i+1}, \cdots, x_n))$。

定理 2-3 中的（1）称为布尔函数 $f(x_1, x_2, \cdots, x_n)$ 关于变量 x_i 的香农 (Shannon) 展开或分解。布尔函数 $f(x_1, \cdots, x_{i-1}, 0, x_{i+1}, \cdots, x_n)$ 或 $f(x_1, \cdots, x_{i-1}, 1, x_{i+1}, \cdots, x_n)$ 分别称为布尔函数 $f(x_1, x_2, \cdots, x_n)$ 关于变量 x_i 的香农展开的 0-分量和 1-分量。

例如，布尔代数（$\{0, 1\}$，$+$，$\cdot$，$'$）上的布尔函数 $f(x_1, x_2, x_3) = ((x_1 + x_2)' + x'_1 \cdot x_3)'$ 相对于 x_1 的展开为

$$
\begin{aligned}
f(x_1, x_2, x_3) &= x_1 \cdot f(1, x_2, x_3) + x'_1 \cdot f(0, x_2, x_3) \\
&= x_1 \cdot ((1 + x_2)' + 1' \cdot x_3) + x'_1 \cdot ((0 + x_2)' + 0' \cdot x_3)' \\
&= x_1 + x'_1 \cdot x'_2 \cdot x'_3 \\
&= x_1 + x_2 \cdot x'_3
\end{aligned}
$$

$$
\begin{aligned}
f(x_1, x_2, x_3) &= (x_1 + f(0, x_2, x_3)) \cdot (x'_1 + f(1, x_2, x_3)) \\
&= (x_1 + x_2 \cdot x'_3) \cdot (x'_1 + 1) \\
&= x_1 + x_2 \cdot x'_3
\end{aligned}
$$

2.1.4　布尔函数的范式

在布尔代数（$\{0, 1\}$，$+$，$\cdot$，$'$）上，n 个变量 x_1，x_2，$\cdots$，x_n 的布尔表达式中，变量或者它的补元统称为文字。用二元运算"$\cdot$"把有关文字联结起来构成的表达式称为乘积项；用二元运算"$+$"把有关文字联结起来构成的表达式称为和项。没有同时出现相同的变量或变量与它的补元的乘积项称为基本乘积项；没有同时出现相同的变量或变量与它的补元的和项称为基本和项。例如，$x \cdot y \cdot z$，$x \cdot y'$，y' 都是基本乘积项，而 $x \cdot y \cdot x'$，$x \cdot y \cdot z \cdot y$ 不是基本乘积项。

对于一个 n 元布尔函数，可以由多种公式来表示。例如，$B = \{0, 1\}$ 上的布尔表达式 $x_1 \cdot x'_2$，$x_1 \cdot (x'_1 + x'_2)$，$(x_1 + x_2) \cdot x'_2$，$(x_1 \cdot x'_2 + x_2 \cdot x'_2) \cdot (x_1 + x'_1)$ 等都代表用一个布尔函数，所以有必要讨论一些规范的表达式。

定义 2-7　在布尔代数（$\{0, 1\}$，$+$，$\cdot$，$'$）上，如果 n 个变量 x_1，x_2，$\cdots$，x_n 的乘积项（和项）中所有变量都以 x_i 或 x'_i 形式出现一次，也仅出现一次，这样的乘积项（和项）称为 n 元小项（大项）。

布尔代数（$\{0, 1\}$，$+$，$\cdot$，$'$）上的布尔函数 $\{0, 1\}^3 \to \{0, 1\}$ 的所有小

项为 $x'_1 \cdot x'_2 \cdot x'_3$, $x'_1 \cdot x'_2 \cdot x_3$, $x'_1 \cdot x_2 \cdot x'_3$, $x'_1 \cdot x_2 \cdot x_3$, $x_1 \cdot x'_2 \cdot x'_3$, $x_1 \cdot x'_2 \cdot x_3$, $x_1 \cdot x_2 \cdot x'_3$, $x_1 \cdot x_2 \cdot x_3$; 所有大项为 $x'_1 + x'_2 + x'_3$, $x'_1 + x'_2 + x_3$, $x'_1 + x_2 + x'_3$, $x'_1 + x_2 + x_3$, $x_1 + x'_2 + x'_3$, $x_1 + x'_2 + x_3$, $x_1 + x_2 + x'_3$, $x_1 + x_2 + x_3$。

不难看出，一个 n 元布尔函数具有 2^n 个 n 元小项和 2^n 个 n 元大项。

定理 2-4 在布尔代数 $(\{0, 1\}, +, \cdot, ')$ 上，任何 n 元函数 $f: B^n \to B$ 能够表示为唯一小项的和，即

$$f(x_1, x_2, \cdots, x_n) = \sum_{k=1}^{2^n} f(e_{k_1}, e_{k_2}, \cdots, e_{k_n}) \cdot P_k(x_1, x_2, \cdots, x_n)$$

式中，$P_k(x_1, x_2, \cdots, x_n)$ 为 n 元小项。$f(e_{k_1}, e_{k_2}, \cdots, e_{k_n})$ 中 $e_{k_j}(1 \leqslant j \leqslant n)$ 的取值取决于与之相乘积的小项 $P_k(x_1, x_2, \cdots, x_n)$ 中第 j 个变量 x_j 的出现形式：如果变量以 x_j 的形式出现，则 $e_{k_j} = 1$；如果变量以 x'_j 的形式出现，则 $e_{k_j} = 0$。该表达式称为 $f(x_1, x_2, \cdots, x_n)$ 积之和范式或者析取范式。

定理 2-5 在布尔代数 $(\{0, 1\}, +, \cdot, ')$ 上，任何 n 元函数 $f: B^n \to B$ 能够表示为唯一大项的积，即

$$f(x_1, x_2, \cdots, x_n) = \prod_{k=1}^{2^n} (f(e_{k_1}, e_{k_2}, \cdots, e_{k_n}) + Q_k(x_1, x_2, \cdots, x_n))$$

式中，$Q_k(x_1, x_2, \cdots, x_n)$ 为 n 元大项；$f(e_{k_1}, e_{k_2}, \cdots, e_{k_n})$ 中 $e_{k_j}(1 \leqslant j \leqslant n)$ 的取值取决于与之相加的大项 $Q_k(x_1, x_2, \cdots, x_n)$ 中第 j 个变量 x_j 的出现形式：如果变量以 x_j 的形式出现，则 $e_{k_j} = 0$；如果变元以 x'_j 的形式出现，则 $e_{k_j} = 1$。该表达式称为 $f(x_1, x_2, \cdots, x_n)$ 的和之积范式或者合取范式。

例如，对于布尔代数 $(\{0, 1\}, +, \cdot, ')$ 上，$\{0, 1\}^3 \to \{0, 1\}$ 的布尔函数：$f(x_1, x_2, x_3) = (x_2 + x_1 \cdot x_3) \cdot ((x_1 + x_3) \cdot x_2)'$。

将其函数值对应的小项列入表 2-5，可得：

$$f(x_1, x_2, x_3) = (x_2 + x_1 \cdot x_3) \cdot ((x_1 + x_3) \cdot x_2)' = x'_1 \cdot x_2 \cdot x'_3 + x_1 \cdot x'_2 \cdot x_3$$

表 2-5 函数值和对应的小项列表

P_k	e_{k_1}	e_{k_2}	e_{k_3}	$f(e_{k_1}, e_{k_2}, e_{k_3})$
$x'_1 \cdot x'_2 \cdot x'_3$	0	0	0	0
$x'_1 \cdot x'_2 \cdot x_3$	0	0	1	0
$x'_1 \cdot x_2 \cdot x'_3$	0	1	0	1
$x'_1 \cdot x_2 \cdot x_3$	0	1	1	0
$x_1 \cdot x'_2 \cdot x'_3$	1	0	0	0
$x_1 \cdot x'_2 \cdot x_3$	1	0	1	1
$x_1 \cdot x_2 \cdot x'_3$	1	1	0	0
$x_1 \cdot x_2 \cdot x_3$	1	1	1	0

对于布尔代数：

$$f(x_1,\ x_2,\ x_3) = (x_2 + x_1 \cdot x_3) \cdot ((x_1 + x_3) \cdot x_2)'$$

将其函数值对应的大项列入表 2-6，可得出合取范式为：

$$f(x_1,\ x_2,\ x_3) = (x_2 + x_1 \cdot x_3) \cdot ((x_1 + x_3) \cdot x_2)'$$
$$= (x'_1 + x'_2 + x'_3) \cdot (x'_1 + x'_2 + x_3) \cdot (x'_1 + x_2 + x_3) \cdot$$
$$(x_1 + x'_2 + x'_3) \cdot (x_1 + x_2 + x'_3) \cdot (x_1 + x_2 + x_3)$$

表 2-6　函数值和对应的大项列表

Q_k	e_{k_1}	e_{k_2}	e_{k_3}	$f(e_{k_1},\ e_{k_2},\ e_{k_3})$
$x'_1 + x'_2 + x'_3$	1	1	1	0
$x'_1 + x'_2 + x_3$	1	1	0	0
$x'_1 + x_2 + x'_3$	1	0	1	1
$x'_1 + x_2 + x_3$	1	0	0	0
$x_1 + x'_2 + x'_3$	0	1	0	0
$x_1 + x'_2 + x_3$	0	1	0	1
$x_1 + x_2 + x'_3$	0	0	1	0
$x_1 + x_2 + x_3$	0	0	0	0

上述定理表明，每个布尔函数只有唯一的析取范式和唯一的合取范式。然而，不同的布尔函数具有不同的范式。如果两个布尔函数具有相同的范式，那么它们一定是等价的。应用布尔函数的范式可以判断两个布尔函数之间的等价性。

2.2　命题公式

命题的推理和演算是数理逻辑研究的主要对象。George Boole（乔治·布尔）所建立的布尔代数的功能相当于命题演算。命题公式是形式化命题演算基础。由于命题联结词所具有的功能完备集，任何命题公式都可等价为一个布尔表达式。

2.2.1　命题与联结词

命题是指那些在客观上能够判断真假的陈述句。一个命题，总是具有一个与之对应的"值"，称为真值。真值只有"真"和"假"两种，分别用符号"T"和"F"表示。只有具有确定的真值的陈述句才是命题，一切没有判断内容的句子，无所谓是非的句子，如感叹句、祈使句等都不能作为命题。

一般地，陈述句包含主语和谓语两大部分。当句子只有一个主语和一个谓语时，是一个简单句，否则就是一个复合句。对于复合句只要客观上能判断真假也是命题。在自然语言中，复合句中的主语或谓语常常通过"或""与"等一些联结词连接在一起。

定义 2-8 由简单句形成的命题称为原子命题或简单命题，由多个原子命题通过联结词连接后所得到的命题称为复合命题。

考察下列句子：

（1）日本在欧洲。

（2）水是流体。

（3）2+5<6。

（4）天气多好呀！

（5）明天是否下雨？

（6）请关上门！

（7）鸟不是哺乳动物。

（8）小王在家温习功课，或者去踢足球。

（9）如果明天不下雨，我们就去公园。

（10）我去了德国，也去了波兰。

（11）两个三角形全等，当且仅当三边对应相等。

在上边这些句子中，（1）、（2）、（3）、（7）、（8）、（9）、（10）、（11）是命题，其中，（8）、（9）、（10）、（11）是复合命题，（4）、（5）、（6）不是命题。

定义 2-9 用大写英文字母 A，B…表示真值确定的命题，并称为命题常量。用小写英文字母 p，q…表示真值不确定的命题，并称为命题变元。在命题演算中，并不对命题变元代以具体命题，而是给它相应的真或假值，称为命题变元的指派。

命题变元可以表示任意命题，所以命题变元本身没有确定的真值，只有当它被指定代表一个具体的命题之后，随之才有了相应的真假值。

联结词是复合命题中很重要的组成部分，为了便于书写和命题演算，必须对联结词作出明确规定和符号化。下面介绍各个联结词。

定义 2-10（否定）　对于命题 P，P 的否定是一个新的命题，记作 $\neg P$。若 P 为 T，$\neg P$ 为 F；若 P 为 F，$\neg P$ 为 T。联结词"$\neg$"表示命题的否定。

定义 2-11（合取）　两个命题 P 和 Q 的合取是一个复合命题，记作 $P \wedge Q$。当且仅当 P、Q 同时为 T 时，$P \wedge Q$ 为 T；在其他情况下，$P \wedge Q$ 真值都是 F。联结词"$\wedge$"表示命题的合取。

定义 2-12（析取）　两个命题 P 和 Q 的析取是一个复合命题，记作 $P \vee Q$。当且仅当 P、Q 同时为 F 时，$P \vee Q$ 为 F；在其他情况下，$P \vee Q$ 真值都是 T。联结词"$\vee$"表示命题的析取。

定义 2-13（蕴含）　对于命题 P 和 Q，其蕴含命题是一个复合命题，记作 $P \to Q$，读作"如果 P，那么 Q"或者"若 P，则 Q"，并称 P 为蕴含前件，Q 为蕴含后件。当且仅当 P 的真值为 T，Q 的真值为 F 时，$P{\to}Q$ 的真值为 F；否则 $P{\to}Q$ 的真值为 T。联结词"→"表示命题的蕴含。

定义 2-14（等价） 对于命题 P 和 Q，其等价命题是一个复合命题，记作 $P{\leftrightarrow}Q$，读作"P 当且仅当 Q"。当 P 和 Q 的真值相同时，$P{\leftrightarrow}Q$ 的真值为 T；否则，$P{\leftrightarrow}Q$ 的真值为 F。联结词"↔"表示命题的等价。

事实上，联结词"¬""∧""∨""→"和"↔"为命题常量或者命题变元的一元或二元运算。这些联结词具有如下由高到低的优先次序：¬，∧，∨，→，↔。

上述复合命题（7）、（8）、（9）、（10）、（11）可用如下符号表示：

（7）Q：鸟是哺乳动物。

  ¬Q：鸟不是哺乳动物。

（8）P：小王在家温习功课。

  Q：小王去踢足球。

  $P{\lor}Q$：小王在家温习功课，或者去踢足球。

（9）P：明天下雨。

  Q：我们去公园。

  ¬$P{\to}Q$：如果明天不下雨，我们就去公园。

（10）P：我去了德国。

  Q：我去了波兰。

  $P{\land}Q$：我去了德国，也去了波兰。

（11）P：两个三角形全等。

  Q：三角形三边对应相等。

  $P{\leftrightarrow}Q$：两个三角形全等，当且仅当三边对应相等。

2.2.2 合式公式

命题以及复合命题的符号串表示为命题公式，这些符号串中包含有命题常量、命题变元以及联结词。但是，不是任何由命题变量、命题变元以及联结词组成的字符串，都是命题公式。

定义 2-15 命题演算中的合式公式是由命题常量、命题变元以及联结词按照下列规则构成的符号串：

（1）任意一个命题变元（或者命题变量）是一个合式公式。

（2）若 x 是合式公式，则¬x 是合式公式。

（3）若 x 和 y 是合式公式，则 $x{\land}y$，$x{\lor}y$，$x{\to}y$ 和 $x{\leftrightarrow}y$ 是合式公式。

（4）当且仅当有限次使用（1）~（3）所产生的符号串是合式公式。合式公式也称为命题公式。

对于符号串 $(p \wedge q) \rightarrow (\neg(q \vee r))$，有

p，q，r 是合式公式；	（定义 2-15（1））
$p \wedge q$ 是合式公式；	（定义 2-15（3））
$q \vee r$ 是合式公式；	（定义 2-15（3））
$\neg(q \vee r)$ 是合式公式；	（定义 2-15（4））
$(p \wedge q) \rightarrow (\neg(q \vee r))$ 是合式公式。	（定义 2-15（4））

定义 2-16 对合式公式中的每一个命题变元指定一个真值 T 或 F 后，得到该合式公式的一组命题变元的真值组合，称为该合式公式的一个指派。如果某一指派使得合式公式取值为 T，则称为成真指派。如果某一指派，使得合式公式取值为 F，则称为成假指派。

定义 2-17 如果一个合式公式，在所有指派下都为 T，则称该合式公式为永真式或者重言式。如果一个合式公式，在所有指派下都为 F，则称该合式公式为永假式或者矛盾式。如果一个合式公式，至少存在一组指派下取值为 T，则称该合式公式为可满足的。

对于合式公式 $(p \wedge q) \rightarrow (\neg(q \vee r))$，命题变元 p、q、r 对应的指派（T，T，T）和（T，T，F）是成假指派，其余的均是成真指派。合式公式 $(p \wedge q) \rightarrow (\neg(q \wedge r))$ 既不是永真式，也不是永假式，但该合式公式是可满足的。

定义 2-18 对于合式公式 p 和 q，如果 $p \rightarrow q$ 是永真式，则称 p 逻辑蕴含 q，记作 $p \Rightarrow q$；如果 $p \leftrightarrow q$ 是永真式，则称 p 与 q 逻辑等价，记作 $p \Leftrightarrow q$。

对于合式公式 $(p \rightarrow q) \Leftrightarrow \neg p \wedge q$，列出不同指派下合式公式 $(p \rightarrow q) \leftrightarrow (\neg p \wedge q)$ 的取值，见表 2-7。显然，$(p \rightarrow q) \leftrightarrow (\neg p \wedge q)$ 为永真式，因此 $(p \rightarrow q) \Leftrightarrow \neg p \wedge q$。

表 2-7 不同指派下合式公式 $(p \rightarrow q) \leftrightarrow (\neg p \wedge q)$ 的取值

p	q	$(p \rightarrow q) \leftrightarrow (\neg p \wedge q)$
F	F	T
T	F	T
F	T	T
T	T	T

根据联结词的定义，对于合式公式 p，q，r 可以得出如下基本的逻辑等价式：

（1）（交换律）：$p \vee q \Leftrightarrow q \vee p$，$p \wedge q \Leftrightarrow q \wedge p$；

（2）（结合律）：$(p \vee q) \vee r \Leftrightarrow p \vee (q \vee r)$，$(p \wedge q) \wedge r \Leftrightarrow p \wedge (q \wedge r)$；

（3）（分配律）：$p \vee (q \wedge r) \Leftrightarrow (p \vee q) \wedge (p \vee r)$，$p \wedge (q \vee r) \Leftrightarrow (p \wedge q) \vee (p \wedge r)$；

(4)（重叠律）：$p \lor p \Leftrightarrow p$, $p \land p \Leftrightarrow p$；

(5)（狄摩根律）：$\neg (p \lor q) \Leftrightarrow \neg p \land \neg q$, $\neg (p \land q) \Leftrightarrow \neg p \lor \neg q$；

(6)（吸收律）：$p \lor (p \land q) \Leftrightarrow p$, $p \land (p \lor q) \Leftrightarrow p$；

(7)（互补律）：$p \lor \neg p \Leftrightarrow T$, $p \land \neg p \Leftrightarrow F$；

(8)（零律）：$p \lor T \Leftrightarrow T$, $p \land F \Leftrightarrow F$；

(9)（同一律）：$p \lor F \Leftrightarrow p$, $p \land T \Leftrightarrow p$；

(10)（对合律）：$\neg \neg p \Leftrightarrow p$。

同理，根据联结词的定义，对于合式公式 p, q, r 可以得出如下基本的逻辑蕴含式：

(1) $p \land q \Rightarrow p$, $p \land q \Rightarrow q$；

(2) $p \Rightarrow p \lor q$, $\neg p \Rightarrow p \rightarrow q$, $q \Rightarrow p \rightarrow q$；

(3) $\neg (p \rightarrow q) \Rightarrow p$, $\neg (p \rightarrow q) \Rightarrow \neg q$；

(4) $p \land (p \rightarrow q) \Rightarrow q$, $\neg q \land (p \rightarrow q) \Rightarrow \neg p$, $\neg p \land (p \lor q) \Rightarrow q$；

(5) $(p \rightarrow q) \land (q \rightarrow r) \Rightarrow p \rightarrow r$；

(6) $(p \lor q) \land (p \rightarrow r) \land (q \rightarrow r) \Rightarrow r$；

(7) $(p \rightarrow q) \land (r \rightarrow s) \Rightarrow (p \land r) \rightarrow (q \land s)$；

(8) $(p \leftrightarrow q) \land (q \leftrightarrow r) \Rightarrow (p \leftrightarrow r)$。

2.2.3 命题公式的范式

任何命题公式，都可以经过适当的等价变换转化为规范式。命题公式的规范式有合取范式和析取范式两种形式。

定义 2-19 一个命题公式称为合取范式，当且仅当它具有形式

$$A_1 \land A_2 \land \cdots \land A_n (n \geqslant 1)$$

其中，A_1, A_2, $\cdots$, A_n 都是由命题变元或其否定所组成的析取式。

定义 2-20 一个命题公式称为析取范式，当且仅当它具有形式

$$A_1 \lor A_2 \lor \cdots \lor A_n (n \geqslant 1)$$

其中，A_1, A_2, $\cdots$, A_n 都是由命题变元或其否定所组成的合取式。

例如，命题公式 $\neg p \land (p \lor q) \land (p \lor \neg q \lor r)$ 是一个合取范式。命题公式 $(p \land q) \lor (p \land \neg q \land r) \lor (r \land \neg q)$ 是一个析取范式。

定理 2-6 任何命题公式，都可以等值转化为合取范式或析取范式。

【证明】 任何命题公式可通过下列步骤，转换为等值的合取范式或析取范式：

步骤一：利用 $(p \rightarrow q) \land (q \rightarrow p) \Leftrightarrow (p \leftrightarrow q)$ 消去联结词"$\leftrightarrow$"；

步骤二：利用 $(\neg p \lor q) \Leftrightarrow (p \rightarrow q)$ 消去联结词"$\rightarrow$"；

步骤三：利用狄摩根律将联词"$\neg$"直接移到各个命题变元之前；

步骤四：利用分配律、结合律将公式归约为合取范式或析取范式。

例如，求命题公式 $(p \wedge (q \rightarrow r)) \rightarrow s$ 的析取范式和合取范式。

解：

$$(p \wedge (q \rightarrow r)) \rightarrow s$$
$$\Leftrightarrow (p \wedge (\neg q \rightarrow r)) \rightarrow s$$
$$\Leftrightarrow \neg (p \wedge (\neg q \rightarrow r)) \vee s$$
$$\Leftrightarrow \neg p \vee \neg (\neg q \vee r) \vee s$$
$$\Leftrightarrow \neg p \vee (q \wedge \neg r) \vee s$$

故命题公式 $(p \wedge (q \rightarrow r)) \rightarrow s$ 的析取范式为 $\neg p \vee (q \wedge \neg r) \vee s$。

进一步地

$$(p \wedge (q \rightarrow r)) \rightarrow s$$
$$\Leftrightarrow \neg p \vee (q \wedge \neg r) \vee s$$
$$\Leftrightarrow (\neg p \vee s) \vee (q \wedge \neg r)$$
$$\Leftrightarrow (\neg p \vee s \vee q) \wedge (\neg p \vee s \vee \neg r)$$

故命题公式 $(p \wedge (q \rightarrow r)) \rightarrow s$ 的合取范式为 $(\neg p \vee s \vee q) \wedge (\neg p \vee s \vee \neg r)$。

但是，一个命题公式的合取范式或者析取范式并不是唯一的。例如，$p \vee (q \wedge r)$ 是一个析取范式，它也可以写成 $(p \wedge p) \vee (p \wedge r) \vee (q \wedge p) \vee (q \wedge r)$。这是因为

$$p \vee (q \wedge r) \Leftrightarrow (p \vee q) \wedge (p \vee r) \Leftrightarrow$$
$$(p \wedge p) \vee (p \wedge r) \vee (q \wedge p) \vee (q \wedge r)$$

为了使任意一个命题公式化成唯一的等价标准形式，下面介绍主范式概念。

定义 2-21 n 个命题变元的合取式中，所有命题变元都以 p 或 $\neg p$ 的形式出现一次，也仅出现一次，这样的合取式称为布尔合取或者小项。N 个命题变元的析取式中，所由命题变元都以 p 或 $\neg p$ 的形式出现一次，也仅出现一次，这样的析取式称为布尔析取或者大项。

定义 2-22 任意命题公式所对应的仅由小项的析取所组成的等价式，称为该命题公式的主析取范式。任意命题公式所对应的仅由大项的合取所组成的等价式，称为该命题公式的主合取范式。

定理 2-7 一个命题公式的所有成真指派所对应的小项的析取，即为此公式的主析取范式。

定理 2-8 一个命题公式的所有成假指派所对应的大项的合取，即为此公式的主合取范式。

例如，命题公式 $(p \wedge q) \vee (\neg p \wedge r)$ 的成假指派为 (T, F, T)，(T, F, F)，(F, T, F) 和 (F, F, F)，故其主合取范式为：

$$(p \wedge q) \vee (\neg p \wedge r) \Leftrightarrow (\neg p \vee q \vee \neg r) \wedge (\neg p \vee q \vee r)$$

$$\wedge (p \vee \neg q \vee r) \wedge (p \vee q \vee r)。$$

2.2.4 命题公式与布尔函数

由前面内容可知，任何一个命题公式均可等值转化为主析取范式或者主合取范式。换言之，无论含有什么联结词的命题公式，都可转化为一个与之逻辑等价的且只含有 $\{\neg , \vee , \wedge\}$ 中联结词的命题公式。这反映了联结词的一个重要性质。

定义 2-23 能够用以表示任何命题公式的一个联结词的集合，称为一个联结词的功能完备集。

例如，$\{\neg , \vee , \wedge\}$ 就是一个联结词的功能完备集。

定理 2-9 $\{\neg , \wedge\}$，$\{\neg , \vee\}$，$\{\neg , \rightarrow\}$ 都是联结词的功能完备集。

【证明】 由前面内容可知，任何一个命题公式均存在与之等值的主析取范式和主合取范式，因此只要证明 $(\varphi \wedge \psi)$，$(\varphi \vee \psi)$ 可由有关集合的其他联结词表示即可。

对 $\{\neg , \vee\}$ 而言，$(\varphi \wedge \psi) \Leftrightarrow (\neg (\neg \varphi \vee \neg \psi))$；

对 $\{\neg , \wedge\}$ 而言，$(\varphi \vee \psi) \Leftrightarrow (\neg (\neg \varphi \wedge \neg \psi))$；

对 $\{\neg , \rightarrow\}$ 而言，$(\varphi \wedge \psi) \Leftrightarrow (\neg (\varphi \rightarrow \neg \psi))$，$(\varphi \vee \psi) \Leftrightarrow (\neg \varphi \rightarrow \psi)$。

故此三个联结词对的集合都是功能完备集。

一个包含有 n 个命题变元的命题公式，在命题变元的不同指派下对应不同的取值 T 或者 F。因此，一个 n 元命题变元的命题公式定义了一个从 $\{T, F\}^n$ 到 $\{T, F\}$ 的函数，称为真值函数。

定理 2-10 n 个命题变元的命题公式可表示为 n 元布尔表达式，所对应的真值函数是布尔函数。

例如，命题公式 $(p \wedge q) \vee (\neg p \wedge r)$ 可写为 $(p \cdot q) + (p' \cdot r)$，或者 $pq + p'r$。

2.3 布尔表达式与其他描述形式

（主）析取范式和（主）合取范式为布尔表达式（命题公式）的表示和研究提供了一种规范型。真值表、决策树和决策图是布尔表达式的另外三种表述技术，在基于布尔函数的技术和应用研究具有重要的作用。

2.3.1 真值表

在布尔表达式中，所有变量在 $\{0, 1\}$ 中的不同取值，对应于布尔表达式在 $\{0, 1\}$ 中的不同取值。这种量元取值和布尔表达式取值的对应可以用表格的形式表述，并称为布尔（逻辑）函数的真值表。

类似地，可以给出任意布尔函数的真值表描述。例如，布尔函数 $f = (x_1 + x_2) \cdot x_3$ 的真值表述见表 2-8。

表 2-8 布尔函数的真值表

x_1	0	0	0	0	1	1	1	1
x_2	0	0	1	1	0	0	1	1
x_3	0	1	0	1	0	1	0	1
f	0	0	0	1	0	1	0	1

2.3.2 决策树

定义 2-24 树是 $n(n \geq 0)$ 个节点的有限集合。当 $n = 0$ 时，称为空树；否则，在任一非空树中：

（1）有且仅有一个称为根的特定节点。

（2）除根节点之外的其余节点可分 $m(m \geq 0)$ 个互不相交的集合 T_1，T_2，…，T_m，且其中每一个集合本身又是一棵树，并且称为根的子树。

图 2-1 列举了两棵树。图 2-1(a) 所示的是只有根节点 A 的树。图 2-1(b) 所示的是一般树。树中的第一个节点称为根节点，如图 2-1 中的节点 A。树中没有子树的节点称为叶子节点，或称为终节点，如图 2-1(b) 中的节点 C、E、F、G、H、I 等。除了根和叶子节点以外的其他节点，称为分支节点或内部节点，如图 2-1(b) 中的节点 B、D 等。

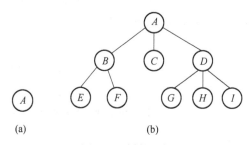

图 2-1 树的示例

（a）仅有根节点的树；（b）一般树

定义 2-25 二叉树是有限个节点的集合，这个集合或者是空集，或者是由一个根节点和不多于两棵互不相交的二叉树组成。也就是说，每个节点有零棵、一棵或两棵子树，这些子树可分为左子树和右子树，且每棵子树本身也是二叉树。如果一棵二叉树中，任何非叶节点都有左子树和右子树，则称为满二叉树。

例如，如图 2-2 所示。图 2-2(a) 为一棵二叉树，但又不是满二叉树，图 2-2(b) 为一棵满二叉树。

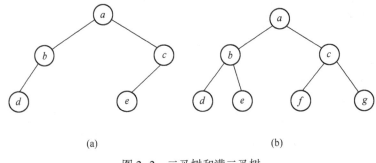

图 2-2 二叉树和满二叉树

（a）二叉树；（b）满二叉树

定义 2-26 对于 $\{0, 1\}^n$ 到 $\{0, 1\}$ 的 n 元布尔函数 $f(x_1, x_2, \cdots, x_n)$，若对其中第 i 个分量取值 1 或 0，则可得到 $\{0, 1\}^{n-1}$ 到 $\{0, 1\}$ 的布尔函数 $f(x_1, \cdots, x_{i-1}, 1, x_{i+1}, \cdots, x_n)$ 或 $f(x_1, \cdots, x_{i-1}, 0, x_{i+1}, \cdots, x_n)$，称之为输入模式 $(x_1, \cdots, x_{i-1}, 1, x_{i+1}, \cdots, x_n)$ 或 $(x_1, \cdots, x_{i-1}, 0, x_{i+1}, \cdots, x_n)$ 下的布尔函数，并分别记作 f_{x_i} 或 $f_{x'_i}$。

类似的，从对于 $\{0, 1\}^n$ 到 $\{0, 1\}$ 的布尔函数 $f(x_1, x_2, \cdots, x_n)$，若对其中 $k(k \leqslant n)$ 个分量取值，则可得到 $\{0, 1\}^{n-k}$ 到 $\{0, 1\}$ 的布尔函数。例如，输入模式 $(x_1, 0, 1, x_4, 1, x_6, \cdots, x_n)$ 下的布尔函数 $f(x_1, 0, 1, x_4, 1, x_6, \cdots, x_n)$，可记为 $f_{x'_2 x_3 x_5}$。

定义 2-27 对于从 $\{0, 1\}^{n-1}$ 到 $\{0, 1\}$ 的布尔函数 $f(x_1, x_2, \cdots, x_n)$，在不同输入模式下的布尔函数形成一个布尔函数集合，称为该布尔函数的函数族，并记为 $\#f(x_1, x_2, \cdots, x_n)$。

显然，对于从对于 $\{0, 1\}^n$ 到 $\{0, 1\}$ 的布尔函数 $f(x_1, x_2, \cdots, x_n)$，有 $0 \in \#f(x_1, x_2, \cdots, x_n)$，$1 \in \#f(x_1, x_2, \cdots, x_n)$，$f(x_1, x_2, \cdots, x_n) \in \#f(x_1, x_2, \cdots, x_n)$。因为不同输入模式下可能具有相同的布尔函数，所以函数族集合 $\#f(x_1, x_2, \cdots, x_n)$ 中至多包含 $\begin{cases} 3, & n = 1 \\ 2 + 3^n, & n > 1 \end{cases}$ 个元素。

例如，对于布尔函数 $f(x_1, x_2, x_3) = (x_1 + x_2) \cdot x_3$，有

$$f_{x_1} = f(1, x_2, x_3) = x_3, \quad f_{x'_1} = f(0, x_2, x_3) = x_2 \cdot x_3$$

$$f_{x_2} = f(x_1, 1, x_3) = x_3, \quad f_{x'_2} = f(x_1, 0, x_3) = x_1 \cdot x_3$$

$$f_{x_3} = f(x_1, x_2, x_3) = x_1 + x_2, \quad f_{x'_3} = f(x_1, x_2, 0) = 0$$

$$f_{x_1 x_2} = f(1, 1, x_3) = x_3, \quad f_{x_1 x'_2} = f(1, 0, x_3) = x_3$$

$$f_{x_1 x_3} = f(1, x_2, 1) = 1, \quad f_{x_1 x'_3} = f(1, x_2, 0) = 0$$

$$f_{x_2 x_3} = f(x_1, 1, 1) = 1, \quad f_{x_2 x'_3} = f(x_1, 1, 0) = 0$$

$$f_{x_2'x_3} = f(x_1, 0, 1) = x_1, \quad f_{x_2'x_3'} = f(x_1, 0, 0) = 0$$

可求得布尔函数 $f(x_1, x_2, x_3) = (x_1 + x_2) \cdot x_3$ 的函数族为

$\#f(x_1, x_2, x_3) = \{(x_1 + x_2) \cdot x_3, x_2 \cdot x_3, x_1 \cdot x_3, x_1 + x_2, x_1, x_2, x_3, 0, 1\}$

定义 2-28 对于从 $\{0, 1\}^n$ 到 $\{0, 1\}$ 的 n 元布尔函数 $f(x_1, x_2, \cdots, x_n)$，按照某一给定变量顺序 π，对布尔函数 $f(x_1, x_2, \cdots, x_n)$ 中的变量依次取值下的布尔函数形成的布尔函数集合，称为该布尔函数在给定变量序 π 的输入模式下的函数族，并记为 $\#_\pi f(x_1, x_2, x_3)$。

易知，对于 $\{0, 1\}^n$ 到 $\{0, 1\}$ 的 n 元布尔函数 $f(x_1, x_2, \cdots, x_n)$，给定变量序 π 的输入模式下的函数族 $\#_\pi f(x_1, x_2, x_3)$ 至多包含 $(2^n + 1)$ 个元素。

例如，在变量序 $\pi: x_1 < x_2 < x_3$ 下，布尔函数 $f(x_1, x_2, x_3) = (x_1 + x_2) \cdot x_3$ 的函数族为：

$$\#_\pi f(x_1, x_2, x_3) = \{(x_1 + x_2) \cdot x_3, x_2 \cdot x_3, x_3, 0, 1\}$$

定义 2-29 从 $\{0, 1\}^n$ 到 $\{0, 1\}$ 的 n 元布尔函数 $f(x_1, x_2, \cdots, x_n)$，决策图是用于表示布尔函数族 $\#f(x_1, x_2, x_3)$ 的一棵满二叉树，它满足：

（1）树的叶节点对应于 0 或者 1，并标记为 0 或者 1，表示布尔常量 0 或者 1。

（2）树的非叶节点对应于某一输入模式下的布尔函数，并标记为所对应的布尔函数中的某一变量。

（3）每一非叶节点具有 0、1 两个分支。0-分支节点对应于该节点的布尔函数中节点所标记变量取 0 值后的布尔函数的内部节点或终节点，1-分支节点对应该节点布尔函数中节点所标记变量取 1 值后的布尔函数的内部节点或终节点。

在图形表示中，叶节点用方框表示，非叶节点用圆圈表示，节点的 0-分支用虚线弧连接，节点的 1-分支用实线弧连接。例如，如图 2-3 所示布尔函数 $f = (x_1 + x_2) \cdot x_3$ 的决策树。

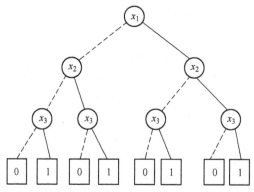

图 2-3　表示布尔函数 $f = (x_1 + x_2) \cdot x_3$ 的决策树

2.3.3 二叉决策图

进一步考察布尔函数 $f = (x_1 + x_2) \cdot x_3$ 的决策图，不难发现其中存在一些冗余节点。叶结点 0 和叶结点 1 代表代表相同的含义，可以仅保留一个叶节点 0 和一个叶节点 1，如图 2-4(a) 所示为图 2-3 所示决策树图合并叶节点后的情形。在图 2-4(a) 中，标记为 x_3 的节点存在子节点完全相同的情形，亦即对应相同的布尔函数，这样我们也可以将这些节点合并，如图 2-4(b) 所示。在图 2-4(b) 中，标记为 x_3 和 x_2 的一个节点存在 0、1 分支子节点完全相同的情形，亦即，该节点的父节点所对应的布尔函数在标记变量的不同取值下得到相同的布尔函数。换言之，该节点的父节点所对应的布尔函数与标记变量无关，这样我们将该节点从图中删除，并不影响原布尔函数的表示效果，如图 2-4(c) 所示。显然，图 2-4(a)、图 2-4(b) 和图 2-4(c) 较之于图 2-3 更加紧凑和简单。它们分别使得图 2-3 中节点数目从 15 个减少至 9 个、7 个和 5 个，但是，图2-4(a)、图2-4(b) 和图 2-4(c) 所示均已不再是一棵树。

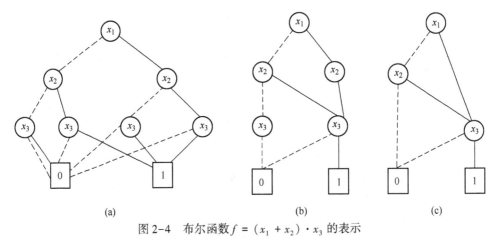

(a)   (b)   (c)

图 2-4 布尔函数 $f = (x_1 + x_2) \cdot x_3$ 的表示

（a）合并叶节点；（b）合并相同叶节点；（c）删除变量无关节点

根据定理 2-3 中的（1），可对布尔函数 $f(x_1, x_2, \cdots, x_n)$ 中的变量逐次进行香农展开，并将其展开过程用如图 2-5 所示的形式表示：根节点表示布尔函数 $f(x_1, x_2, \cdots, x_n)$ 自身，从根节点引出两个分支，分别表示经过某个变量 x_i 的第一次香农展开后所得到输入模式 $f(x_1, \cdots, x_{i-1}, 1, x_{i+1}, \cdots, x_n)$ 和 $f(x_1, \cdots, x_{i-1}, 0, x_{i+1}, \cdots, x_n)$ 下的布尔函数 f_{x_i} 和 $f_{x'_i}$；布尔函数 f_{x_i} 和 $f_{x'_i}$ 可进一步进行香农展开，并将它们和各自展开得到的 0-分量和 1-分量连接；类似地，将每次展开所得到的布尔函数再进行进一步的香农展开，必然得到 0-分量和 1-分量中的一个或者两个同时取常值 0 或 1。基于此，可得到布尔函数的二叉决策图（binary decision diagram，BDD）表示的相关定义。

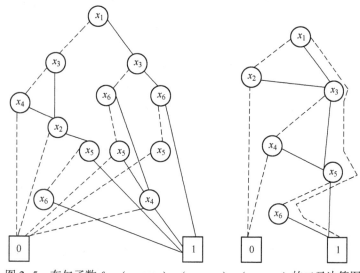

图 2-5 布尔函数 $f = (x_1 + x_2) \cdot (x_3 + x_4) \cdot (x_5 + x_6)$ 的二叉决策图

定义 2-30 对于从 $\{0, 1\}^n$ 到 $\{0, 1\}$ 的布尔函数 $f(x_1, x_2, \cdots, x_n)$，二叉决策图是用于表示布尔函数 $\#f(x_1, x_2, \cdots, x_n)$ 的有一个有向无环图，它满足：

（1）BDD 中节点分为根节点、终节点和内部节点三类。没有父辈节点或者没有输入弧的节点称为根节点；没有后继子节点或者输出弧的节点称为终节点；除根节点和终节点之外的节点或者具有输入和输出弧的节点称为内部节点。

（2）终节点仅有 2 个，分别标记为 0 和 1。每一终节点 t 具有属性 $t.val$ $\{0, 1\}$，表示布尔常量 0 和 1。

（3）每个非终节点 u 具有四元组属性 $(f^u, var, low, high)$，其中，f^u 表示节点所对应的布尔函数，$f^u \in \pi f(x_1, x_2, \cdots, x_n)$（如果 u 是根节点，则 $f^u = f(x_1, x_2, \cdots, x_n)$）。var 表示节点 u 的标记变量；low 表示 $u.var = 0$（表示节点 u 的标记变量 var 取值为 0）时，节点 u 的 0-分支节点；high 表示 $u.var = 1$（表示节点 u 的标记变量 var 取值为 1）时，节点 u 的 1-分支子节点。

（4）每个非终节点均具有两条输出分支弧，将它们和各自的两个分支子节点连接在一起。节点 u 和 $u.low$ 的连接弧称为 0-边，节点 u 和 $u.high$ 的连接弧称为 1-边。

（5）BDD 的任一有向路径上，布尔函数 $f(x_1, x_2, \cdots, x_n)$ 中的每个变量至多出现一次。

在图形表示中，通常用方框表示终节点，用圆圈表示其他节点，节点之间通过虚线或者实线连接。通常，假设连接弧的方向向下，0-用虚线表示，1-用实线表示。

例如，如图 2-4(a)、图 2-4(b)、图 2-4(c) 所示，均为布尔函数 $f = (x_1 + x_2) \cdot x_3$ 所对应的二叉决策图。对于布尔函数 $f = (x_1 + x_2) \cdot (x_3 + x_4) \cdot (x_5 + x_6)$，可得到其二叉决策图，如图 2-5 所示。

显然，在布尔函数 $f = (x_1 + x_2) \cdot (x_3 + x_4) \cdot (x_5 + x_6)$ 的香农展开过程中，选取不同的变量顺序就会得到不同的 BDD，即同一布尔函数 f 具有多个 BDD 描述。事实上，图 2-5 仅列出了布尔函数 $f = (x_1 + x_2) \cdot (x_3 + x_4) \cdot (x_5 + x_6)$ 所对应的部分二叉决策图，还可以列出更多。

从 BDD 的定义及图形表示中可以看出，对于变量的一组赋值，所得到的函数值由从根节点到一个终节点的一条路径决定，这条路径所对应的分支由变量的这组赋值决定，该分支的终节点所标志的值就是变量在这组赋值下对应的函数值。

例如，以图 2-5 (b) 中的 BDD 为例，输入模式 $(x_1, x_2, x_3, x_4, x_5, x_6) = (1, 1, 1, 1, 0, 1)$ 下的计算路径如图 2-5(b) 中的点线所示，可见函数 $f = (x_1 + x_2) \cdot (x_3 + x_4) \cdot (x_5 + x_6)$ 在这组输入模式下所对应的值为 1。

3 经典规划求解技术

3.1 经典规划概述

智能规划本质上属于人工智能的一种问题求解方法，1957 年 Newell 和 Simon 的问题求解系统（GPS）其实就是最早的智能规划系统，因此智能规划系统可以被看作是一个问题求解系统。

采用智能规划系统求解复杂的问题，得到的结果是一个动作序列，依次执行此动作序列能完成指定的具体任务，从而达到指定的目标。规划，就是给定一个待解决的实际问题，在执行一系列动作之前，事先制定出动作的计划，即先对问题做出规划，然后执行规划。

最初研究者对智能规划系统的研究起源于问题求解，但随着规划研究的发展，使得规划比常规的问题求解更加注重于解决具体的实际问题，而并非抽象的数学模型。智能规划研究的主要目的是建立高效实用的规划系统（planner），该系统的主要功能可以描述为：

（1）初始状态的形式化描述。

（2）目标状态的形式化描述。

（3）对可实施的动作的形式化描述（通常也称为领域知识）。

智能规划系统能够根据问题的形式化描述给出从初始状态到目标状态的一个动作序列（plan），即规划解。

形式化描述通常采用命题逻辑或者一阶谓词逻辑的形式化语言，例如：积木世界问题的描述如下：

```
(preconds
  (on-table blockA)
  (on-table blockB)
  (on blockC blockA)
  (clear blockB)
  (clear blockC)
  (amr-empty))
  (effects
  (on blockA blockB)
    (on blockB blockC))
```

```
(operator
    PICK-UP
    (params (<ob1>OBJECT))
    (preconds
        (clear<ob1>) (on-table<ob1> (arm-empty))
      (effects
        (holding<ob1>)))
(operator
    PUT-DOWN
    (params (<ob>OBJECT))
    (preconds
    (holding<ob>))
    (effects
        (clear<ob> (arm-empty) (on-table<ob>))))
```

　　智能规划系统的复杂性和系统所处的环境及 Agent 的功能有关，为了简化规划问题，经典的规划作出如下假设：

　　（1） S 规划系统的状态，事件和动作是有限的。

　　（2） $\sum$ 是完全可观察的，即，Agent 对 $\sum$ 具有完全的知识。

　　（3） $\sum$ 是一个确定的状态转移系统，对于每个状态 s 和每个事件或动作，如果一个动作在一个状态上可用，则将该状态被转移到唯一的后继状态。

　　（4） $\sum$ 是静态的，即事件集 E 为空集，系统没有外部动态性：系统处于同一状态，直到控制器施加一些动作。

　　（5） 规划目标是受限的，即目标描述为一个显示目标状态 S_g 或一个目标状态集 S_g。规划器的目标是任何以目标状态之一结束的状态转移序列。

　　（6） 规划解是序列式的，即规划的求解结果是有限动作的线性序列。

　　（7） 隐去时间的表示，即动作和事件没有持续时间，都是瞬时的状态转移，模型中不显式地表示时间。

　　（8） 脱机规划，即在规划期间，规划器不关心发生在系统 Σ 的变化。只按给定的初始状态和目标状态进行规划，不考虑当前的变化。

　　通常，把满足以上假设的规划称为"经典的规划（classical planning）"，例如，地图着色问题、积木世界问题等都是经典的的规划问题。由于现实世界的复杂性，实际问题往往并不能满足上述条件，例如在环境不断变化情况下的规划问题。不满足此假设的规划问题称之为"非经典的规划"。

3.2　经典规划问题的求解方法

　　规划问题求解就是对问题的全部状态空间信息进行描述，借用有效推理，寻找原始状态和目标状态之间的路径规划方案，即给出一个有效的动作序列，并且在执行该动作之后能够从原始状态直通目标状态。主要的求解方法包括搜索法、图规划及 SAT 方法等。

3.2.1 状态空间搜索

很多问题的求解过程都可以看作是一个搜索过程。问题及其求解过程可以用状态空间表示法来表示（见图3-1）。

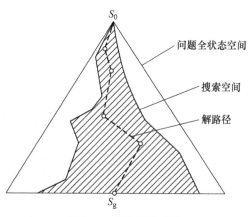

图 3-1 状态空间搜索

状态空间用"状态"和"算符"来表示问题。

状态：用以描述问题在求解过程中不同时刻的状态，一般用一个向量表示：

$$S_K = (S_{k0}, S_{k1}, \cdots)$$

算符：使问题从一个状态转变为另一个状态的操作称为算符。在产生式系统中，一条产生式规则就是一个算符。

状态空间：由所有可能出现的状态及一切可用算符所构成的集合称为问题的状态空间。

采用状态空间求解问题，可以用下面的一个三元组表示：(S, F, G)，其中 S 是问题初始状态的集合；F 是算符的集合；G 是目标状态的集合。

全序规划是指这样的规划：它们搜索的是与起始状态或目标相关的严格线性行动序列。下面所要介绍的状态空间搜索算法就是这样的全序规划算法。

状态空间搜索是规划算法中最直接的方法，因为规划语言中描述行动的时候同时用到了前提和效果，所以我们可以考虑从两个方向进行搜索：从初始状态开始的前向状态空间搜索和从目标状态开始的后向状态空间搜索。

前向搜索（又称前行规划）从初始状态 S 开始，考虑那些前提得到满足的行动 a，并把它们加入到规划行动集合 A 中去；再通过修改当前状态 S（增加 S 中没出现的 a 中的添加表文字和删除 S 中出现的 a 中的删除表文字），并把行

动 a 添加到 A 中去；最后通过判断 S 的相容性和是否包含目标状态的所有文字来确定是否是规划问题的一个解。把规划问题形式化为状态空间搜索问题如下：

（1）搜索的初始状态来自规划问题的初始状态。通常，每个状态会有一个正的文字的集合，没有出现的文字为假。

（2）可用于一个状态的行动是那些前提条件得到满足的，行动产生的后继状态通过增加正效果文字和删除负效果文字生成。

（3）检查状态是否满足规划问题的目标。

（4）单步耗散通常是 1。

后向搜索（又称为回归规划）是从目标状态开始，考虑那些正效果中出现而负效果中不出现当前状态的文字的行动，把此行动添加到规划行动集合中去，再在 S 中添加此行动的前提和删除此行动的正效果。最后也是通过判断 S 的相容性和初始状态是否包含 S 的所有文字来确定是否得到规划问题的一个解。

从以上的描述来看，因为后向搜索只需要考虑相关的行动，不必对所有可能的行动进行搜索。而前向搜索需要考虑所有可能的行动，由此产生的分支太多，搜索时间消耗自然也就随之而大大增加了。因此后向搜索在理论上要比前向搜索更好，而且一般情况下也确实如此。不过，规划算法的速度很大程度上依赖于启发式的应用，所以这种比较就只有理论上的意义。

应注意的是：这里的相关行动是指效果中包含目标文字或者是搜索中当前状态的文字的行动，可能行动是指前提被满足的行动。下面用一个简单的图示（见图 3-2）来说明前行规划和回归规划的区别。初始状态 S_0 为：$At(P_1, A) \wedge At(P_2, A)$；目标状态 G 为：$At(P_1, B) \wedge At(P_2, B)$。这里我们不必细究这些公式的具体含义。从图 3-2 中可以很明显地看出前行规划和回归规划的搜索区别：前行规划从初始状态出发，使用问题的行动向前搜索目标状态，回归规划从目标状态出发，使用行动的逆，向后搜索初始状态。

不论是前向还是后向搜索，如果没有一个好的启发式的话，都不是高效的。启发式应用于搜索算法中，可以使搜索速度大大加快。下面就介绍一些常用的求可采纳的启发式的方法：

（1）利用启发式函数（例如，估计从状态到目标的距离）进行前向或后向搜索。

（2）删除每个行动的前提以得到松弛规划问题，然后求此松弛规划问题的最优解耗散，并以此作为一个可采纳的启发式。

（3）假设子目标独立，以每个子问题耗散的总和为启发式。

在实际的应用中，经常是把上面两种方法结合起来使用，即先假设子目标独

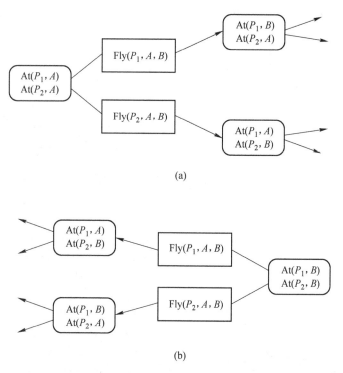

(a)

(b)

图 3-2 一个规划的两种搜索方法

（a）前向（前进）状态空间搜索：从初始状态出发，使用问题的行动向前搜索目标状态；

（b）后向（回归）状态空间搜索：一个信度状态搜索，从目标状态（集）出发，

使用行动的逆，向后搜索初始状态

立，然后写出松弛问题，再把每个子问题的最优解耗散求和，以此作为规划问题的启发式。

为了得到更加精确的启发式，我们还可以更进一步的只删除每个行动的前提和负效果，以此得到松弛规划问题，再以此松弛问题的最优解作为启发式。另外，还可以只删除负效果而不删除前提来生成松弛问题（此方法得到的启发式称作清空删除表启发式），这种方法得到的启发式更加精确。

3.2.2 规划空间搜索

状态空间搜索生成的是一个全序规划，即规划由严格的动作序列组成。但很多情况下，多个不同的动作序列可以具有等价的效果。如对于相同的初始状态，以下四组规划动作的效果是相同的。

考虑如图 3-3 所示的规划问题。

存在多个可能的规划动作序列：

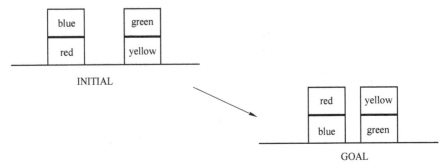

图 3-3　积木世界的规划问题

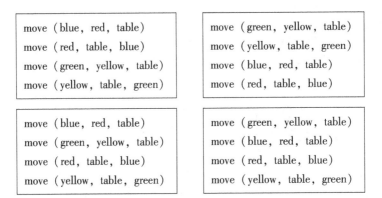

以上的规划是下面两组分离的规划动作的交叉：

move (blue, red, table) move (red, table, blue)	move (green, yellow, table) move (yellow, table, green)

　　即规划空间搜索用来生成一个偏序规划，它遵循最小承诺原理，偏序规划只指定了必要的排序信息，一个偏序规划具有多个不同的全序规划。

　　考虑穿一双鞋的简单问题。我们可以把它描述为如下形式的一个规划问题：

Goal（RightShoeOn ∧ LeftShoeon）

Init（）

Action（RightShoe, PRECOND：RightSocket, EFFECT：RightShoeOn）

Action（RightSocket, EFFECT：RightSocketOn）

Action（LeftShoe, PRECOND：LeftSocket, EFFECT：LeftShoeOn）

Action（LeftSocket, EFFECT：LeftSocketOn）

　　一个规划器应该能够找到 RightSocket 后紧跟着 RightShoe 的双行动序列来获得目标的第一个合取子句，找到 LeftSocket 后紧跟着 LeftShoe 的双行动序列来获得目标的第二个合取子句，然后这两个序列可以被合并而产生最后的规划。为了做到这些，规划器会独立处理这两个子序列，而不承诺一个序列中的一个行动是在另一个序列的行动之前还是之后。任何能够将两个行动放在一个规划中而不指定哪一个在前的规划算法称为偏序规划器，图3-4显示了鞋子和袜子问题的解的偏序规划。解是用行动图表示的，而不是序列。Start 和 Finis 的"空"行动，标记了规划的开始和结束。偏序规划解相当于6个可能的全序规划，其中的每一个被称为偏序规划的线性化。

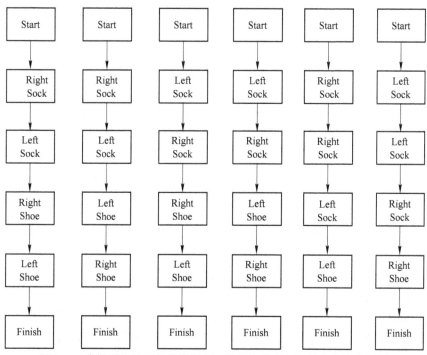

图3-4 穿鞋子和袜子的偏序规划，以及把偏序规划转变成全序规划

偏序规划是指任何能够将两个行动放在一个规划中而不指定哪一个在前的规划算法。简单来说，偏序规划允许两个或多个行动无严格先后顺序。

一个偏序规划包含以下内容：

（1）行动。一组行动是组成规划的步骤。此处需要特别说明的是 Start 行动和 Finish 行动，空规划只包含 Start 和 Finish 行动。Start 行动没有前提而且将规划问题的初始状态中的文字作为其效果，Finish 行动没有效果且将规划问题的目标文字作为其前提。

（2）定序约束。形如：$a<b$，表示行动 a 必须在行动 b 之前执行。这里还需说明的是规划中不能包含可以造成循环的定序，如：$a<b$ 和 $b<a$ 。

（3）因果连接（因果链）。形如：$a \xrightarrow{p} b$，表示 p 是行动 a 的效果同时是行动 b 的前提，且保证了 p 在从执行行动 a 的时刻到执行行动 b 的时刻这段时间内为真即"保护"p的真值。

（4）开放前提。表示不能从规划中的一些行动中得到的前提，在不引起冲突的情况下，规划算法会尽力缩小开放前提直到使得它为空集。

应注意的是：我们在这里引入开放前提是为了便于表达下面所要介绍的 POP 算法。

规划的一致性是指在规划的定序约束中没有循环而且与因果连接无冲突。开放前提是空集的一致性规划，是规划问题的一个解，这也就是 POP 算法所致力要达到的目标。

POP 算法的思想：

（1）初态。初始规划包含 Start 和 Finish，并加上定序 Start < Finish，并将 Finish 的所有前提当作开放前提。

（2）扩展规划。在已经添加到规划中行动 a 的开放前提中选取一个元素 p，并选择一个满足一致性要求且正效果中包含 p 的行动 b 通过如下方式扩展和保证一致性：

1）因果连接 $a \xrightarrow{p} b$ 和定序 $a<b$ 添加到规划中。如果行动 a 未在规划中出现，把它添加到规划中，同时也加入 Start $<a$ 和 $a<$ Finish。

2）如果我们在添加行动 c 的时候与某一因果连接 $a \xrightarrow{p} b$ 发生冲突，我们可以通过添加 $c<a$ 和 $b<c$ 之一来解决。

（3）目标测试。由于在扩展过程中始终保持了一致性，所以只需要检验开放前提是否为空集。

下面通过一个积木世界的例子来具体分析一下偏序规划的 POP 算法。

如图 3-5 所示，初始状态（init）是积木 A，B，C 都放在桌面（F）上，目标状态（Goal）是积木 A 在 B 上，B 在 C 上。

图 3-5 积木世界问题描述

Init：on(A，F) ∧ on(B，F) ∧ on(C，F) ∧ clear(A) ∧ clear(B) ∧ clear(C) ∧ clear(F)

Goal：on(A，B) ∧ on(B，C)

Action：Move(x，y，z)

Precond：on(x，y) ∧ clear(x) ∧ clear(z)

Del：on(x，y) ∧ clear(z)

Add：on(x，z) ∧ clear(y) ∧ clear(F)

对解的搜索从初始规划开始，然后挑选一个开放前提和能够得到这个前提的行动，以生成后继规划，重复此过程直至得到规划解。这里我们可以附带分析帮助决策的启发式函数在偏序规划搜索中的应用。

下面是 POP 算法的事件序列：

（1）初始规划包括 Start 和 Finish，定序约束 Start＜Finish 没有因果连接，并将 Finish 状态的所有前提当做开放前提。

（2）初始规划的开放前提集为：{on(A，B)，on(B，C)}。不妨选择后继行动 Finish 的开放前提 on(A，B)，这时可选的行动有 Move(A，F，B) 和 Move(A，C，B)，因为选择 Move(A，F，B) 可以使开放前提集缩小，所以我们优先选择行动 Move(A，F，B)，并把定序 Start＜Move(A，F，B)、Move(A，F，B)＜Finish 和因果连接 Move(A，F，B) $\xrightarrow{\text{on}(A, B)}$ Finish 添加到规划中去，如图 3-6所示。

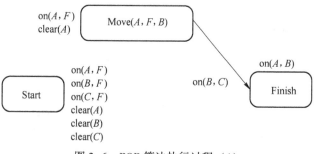

图 3-6　POP 算法执行过程（1）

（3）此时开放前提集为：{on(B，C)}，选择后继行动 Finish 的开放前提 on(B，C)，这时可选的行动有 Move(B，F，C) 和 Move(B，A，C)。同理优先选择 Move(B，F，C)，并把定序 Start＜Move(B，F，C)、Move(B，F，C)＜Finish 和因果连接 Move(B，F，C) $\xrightarrow{\text{on}(B, C)}$ Finish 添加到规划中区，此时行动 Move(B，F，C) 的前提 clear(B) 和因果连接 Move(A，F，B) $\xrightarrow{\text{on}(A, B)}$ Finish 的公式 on(A，B) 发生冲突，解决这个冲突的办法是添加定序 Move(B，F，C)＜Move(A，F，B)（若添加 Finish＜Move(B，F，C) 必然产生矛盾）。

（4）此时得到的开放前提集为空集，由此我们得到一个偏序规划解：

{Start ＜ Move(A，F，B)、Move(A，F，B) ＜ Finish、Start ＜ Move(B，F，C)、

　　Move(B，F，C) ＜ Finish、Move(A，F，B) $\xrightarrow{\text{on}(A, B)}$ Finish、

　　M(B，F，C) ＜ (A，F，B)、Move(B，F，C) $\xrightarrow{\text{on}(B, C)}$ Finish}

这个解如图 3-7 所示。

（5）现在回来看看（3）的行动选择。如果我们选择 Move（B，A，C），此

图 3-7　POP 算法执行过程（2）

时得到的开放前提集为 $\{$on$(B, A)\}$ 一个好的规划算法应该优先选择使开放前提集变小的行动，不过并不是所有的偏序规划器都能做到这点或者会选择这么做。所以有必要考虑行动 Move（B，A，C）的情况，此时得到开放前提 $\{$on$(B, A)\}$。选择行动 Move（B，A，C）的开放前提 on（B，A），可选的行动有 Move（B，F，A）和 Move（B，C，A）。若选择前者，则得到为空的开放前提集，由此也得到一个规划解，非形式化的简单表示为：

$\{$Start $<$ Move(B, F, A)、Move$(B, F, A) <$ Move(B, A, C)、

Move$(B, A, C) <$ Move(A, F, B)、Move$(A, F, B) <$ Finish$\}$

第（4）步得到的解与这个解相比显然更优，这个解如图 3-8 所示。

图 3-8　POP 算法执行过程（3）

若选择后者 Move（B，C，A），得到的开放前提集为：$\{$on$(B, C)\}$，此时的开放前提与第（3）步相比完全相同，即是陷入了循环状态，而这恰恰是规划所应该避免的。根据上面的分析，我们可以看出对行动的选择算法（启发式函数的应用）是多么的重要，应用一个好的帮助决策的启发式函数可以大大提高规划算法的运行效率。

3.2.3　规划图

规划图（planning graph）是一个具有两类节点和三类边的有向、分层图。规划图各层是命题层（proposition levels）和动作层（action levels）交替出现的，命题层包含命题节点（标识为一些命题），动作层包含动作节点（标识为动作）。规划图的第一层是命题层，包括规划问题初始条件下的所有命题。

图规划在两个阶段（phases）交替进行：图扩展（graph expansion）阶段和解提取（solution extraction）阶段。图扩展阶段正向扩展规划图直到目标状态的所有命题都出现为止。解提取阶段反向搜索规划图以求出规划解。如图 3-9 所示，黑圆点代表命题节点，空白方框代表动作节点。

这里以 STRIPS 规划问题型（动作的前件和后件都是确定的文字的合取）为例，结合图例大致介绍这一方法。为了简化规划图的规模，Blum 和 Furst 定义了规划图中节点的两元互斥关系，如图 3-10 所示。

（1）第 i 层两个动作实例（Action Instance）满足以下三者中的任意一个时，

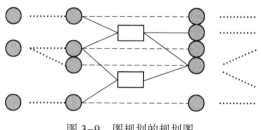

图 3-9 图规划的规划图

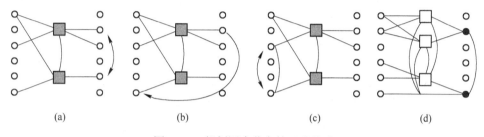

图 3-10 规划图中节点的互斥关系

（a）后件不一致；（b）冲突；（c）竞争需求；（d）不一致支持

我们称之为具有互斥关系。

1）后件（效果）不一致（Inconsistent）：一个动作的后件是另一个动作后件的否定。

2）冲突（Interference）：一个动作删除另一个动作的前件。

3）竞争需求（Competing Needs）：两个动作具有 $i-1$ 层互斥关系的前件。

（2）第 i 层的两个命题（Propositions）具有互斥关系，当：

1）一个命题是另一个的否定或；

2）不一致支持（Inconsistent Support）：获得此命题的所有动作（方法）都具有互斥关系。

显然上述关系不具备传递性。

考虑以下问题：给睡眠中的爱人准备一个惊喜，要求把垃圾（garbage）带出去，做好正餐（dinner），准备好一份礼物（present）。

初始条件：（and（garbage）（cleanHands）（quiet））。

目标：（and（dinner）（present）（not（garbage）））。

动作：

cook：前件（cleanHands）   carry：前件（　）

  ：后件（dinner）   ：后件（and（not（garbage））

               （not（cleanHands）））

wrap：前件（quiet）   dolly：前件（　）

: 后件（present） : 后件（and（not（garbage））
（not（quiet）））

如图 3-11 所示是上述问题的部分规划图。我们注意到：动作 carry 与保持
garbage 的动作具有互斥关系，因为它们的后件不一致；dolly 与 wrap 由于冲突而
具有互斥关系；在第二层即命题层 ¬quiet 与 present 具有互斥关系。由于在第二
层已经获得了所有的子目标，并且它们之间没有互斥关系，因此下面可以进入图
规划的第二阶段，即解提取阶段。依次考虑目标的各个子目标，对第 i 层的每一
个子目标，图规划选择第 $i-1$ 层的获得此子目标的动作 a，此处选择是一个回溯
点；如果存在多于一个的动作能够获得此目标，那么图规划为了保证其完整性必
须考虑所有的动作。如果一个动作 a 与其他的已经选择的动作是一致
（consistent）的，那么图规划就继续进行其他的子目标，否则如果没有这样的选
择存在，图规划就回溯到前一个选择。当图规划找到所有的实现第 i 层目标的动
作后，它再把选择的动作的前件作为子目标，依次进行，直到第零层，即初始条
件为止，否则返回第一阶段继续进行图扩展阶段。

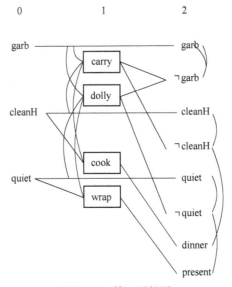

图 3-11 第一层扩展

在上面的例子中，在第二层有三个子目标：¬garbage 可由动作 carry 或 dolly
来获得；dinner 可由 cook 来实现；present 可由 wrap 来包扎好。因此图规划至少
必须考虑两个动作的集合：{carry，cook，wrap} 和 {dolly，cook，wrap}，但是
这两个集合都不一致，因为 carry 和 cook、dolly 和 wrap 是互斥的，因此解提取失
败，图规划扩展规划图到第四层如图 3-12 所示，然后经过解提取阶段获得解规
划如图 3-13 所示。

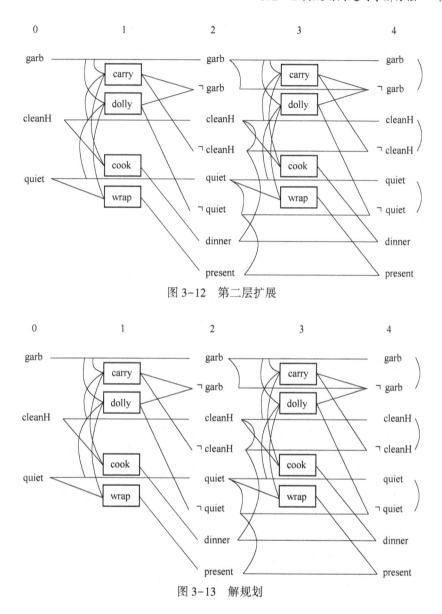

图 3-12 第二层扩展

图 3-13 解规划

3.2.4 基于问题转换的规划方法

3.2.4.1 基于定理证明的规划方法

智能规划最早的求解方法是通过归结定理证明的方法进行规划求解。基于定理证明的规划系统本质上是基于消解原理，它采用定理证明的方法，把规划求解的过程看成是一个证明过程，该证明过程试图证明由初始状态和动作序列等构成的表达式能够推导出目标状态为真，其证明的过程就是规划解。基于定理证明的方法以命题逻辑、一阶谓词逻辑等规范逻辑和各种非规范逻辑，如缺省推理、或然推理、时序逻辑、内涵逻辑、非单调逻辑和模糊逻辑等为其理论基础。

基于定理证明的规划方法在求解规划问题方面有固有的先天性不足，它会产生一些异常模型，即存在这样的模型，它们满足定理，但却找不到和模型相对应的有效规划解。

3.2.4.2 基于问题转换的规划方法

首先将规划问题转化为其他存在有效算法的计算问题，然后通过解转化构造规划解。这类方法包括将规划问题转化为 SAT 问题、约束可满足问题（Constraint Satisfaction Problem，CSP）和模型检测（Model Checking）问题等多种方式。

A 转换为命题可满足（SAT）问题

规划问题编码为 SAT 问题实际是把一个规划问题编码为一个命题公式（CNF），然后判定该命题公式是否可满足问题。而判定该命题公式是否可满足，可利用可满足决定过程看公式在对命题变元赋值后是否可满足，若可满足，从赋值决定中提取一个规划。编码的方法如下：

（1）命题和动作都是被实例化并带有时间标签的；

初始状态被编码为一组命题的集合，这些命题在 $t=0$ 时刻为真；

目标状态被编码为在 $t=N$ 时刻成立的命题集。

（2）在同一时刻 $t(0<t<N)$ 的不同动作是互斥的。

（3）如果一个动作的前提在时刻 t 成立，它的效果在 $t+1$ 时刻一定成立。

（4）一个在时刻 t 成立的命题满足下面的条件之一：命题在时刻 $t-1$ 为真，发生在时刻 t 动作没有改变它的真值或者发生在时刻 t 的动作使命题 P 为真。

将给定的规划问题转换 SAT 问题可以找到一个长度为 N 的规划解，能够随着 N 的增加直接找到最优解。

B 转换为约束可满足（CSP）问题

CSP（约束满足问题）：由一个变量集合和一个约束集合组成。问题的一个状态是由对一些或全部变量的一个赋值定义的完全赋值；每个变量都参与的赋值。问题的解是满足所有约束的完全赋值，或更进一步，使目标函数最大化。

人工智能和计算机科学领域很多问题都可看作为一类约束满足问题（CSP），由一组变量 x_1，x_2，x_3，…，x_n 组成，对应于各个变量的值域 r_1，r_2，…r_m，和一组约束条件 C_1，…，C_n。每个约束描述了一个变量子集与特定的某些值合法的结合对应关系。目标是使每一个变量都得到了一个赋值，且所有的约束都得到满足。在很多问题中，状态的到达与进行选择的次序无关（可交换），采取不同的次序进行选择也可以到达同一个状态。

考虑到 CSP 中约束的表示，在规划问题的几种不同表示方式中，采用状态变量的形式表示更符合约束的表示形式，因此把规划问题编码为 CSP。首先要把有界规划问题 P 转化为约束满足问题 P'，也即使规划问题用状态变量的形式表示出来，然后才通过 CSP 求解。

将规划问题转换为 CSP 问题，编码方法如下：

（1）令 D 为规划问题的目标集，A 为所有实例化动作的集合。

（2）有两种类型的变量，$\text{state}_i(t)$ 代表在时刻 t 为真的状态变量，$\text{action}(t)$ 代表在时刻 t 发生的动作。

（3）有五种类型的约束关系：

1）初始状态取值为 v 的状态变量表示为一元约束 $\text{state}_i(0) = v$。

2）目标状态中取值为 v 的状态变量编码为 $\text{state}_i(N) = v$。

3）动作 a 的每一个前提 v 编码为二元约束 $(\text{action}(t) = a, \text{state}_i(t) = v)$。

4）动作 a 的每一个效果编码为二元约束。

$$(\text{action}(t) = a, \text{state}_i(t+1) = v)$$

5）对于不受动作影响的状态 $\text{state}_i(t)$，其约束描述为：

$$(\text{action}(t) = a, \text{state}_i(t) = v, \text{state}_i(t+1) = v)$$

将规划问题编码为 CSP 问题是一种更加简洁的编码方式。

C　将规划问题转换为模型检测问题

现实中的规划域的规模往往比较大，可以借用基于有序二元判定图（OBDD）的符号化模型检验技术来实现基于模型检测的规划。BDD 是命题逻辑公式的范式，是布尔公式隐式的、高效的、紧凑的信息压缩表示。采用 BDD 表达两谓词公式时，两个 BDD 范式逻辑相等，当且仅当这两个 BDD 范式是同一个 BDD 范式，即这两个 BDD 范式语法上相等。BDD 的主要优点是，BDD 上的布尔操作（或、与、与非、异或）是多项式时间的，并且等价性判定是常数时间的。

利用 BDD 来对规划问题求解的基本思想是，先将规划问题的状态和动作标识为 BDD 范式，再将其输入到 BDD 的求解器，然后将求解的结果表示为一般规划问题的表示。这种思想已经较多地应用在确定规划和非确定规划上。并且已经有许多基于 BDD 实现的高效规划器。

基于符号化模型检验的规划方法，需要把规划问题中模型的状态、迁移关系都符号化为公式，并且把规划也符号化为逻辑公式，这样规划求解过程变为探索状态集合空间的过程，探索过程中检查赋值是否满足相应逻辑公式。具体来说：

（1）状态的 OBDD 表示。图 3-14 中的状态 3 可用如图 3-15 中 OBDD 表示。

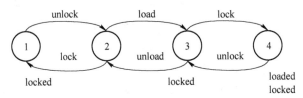

图 3-14 规划域的一个简单例子

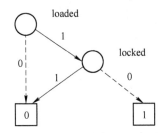

图 3-15 图 3-14 中状态 3 的 OBDD 表示

（2）动作的 OBDD 表示（见图 3-16）。

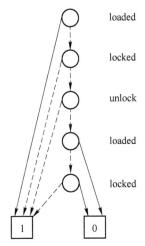

前提：(¬loaded ∧ locked ∧ unlocked)
动作：unlock
效果：¬loaded ∧ ¬locked

图 3-16 动作的 OBDD 表示

4 智能规划语言

规划问题的定义是规划问题求解的前提，如果一个规划问题不能通过规划语言来表示，则任何一个规划器都不能对它进行求解，所以说规划语言的发展是智能规划发展的关键。

最初描述规划问题是用情形演算的语言，情形演算是一种特殊的一阶语言，它设置了一些特定的语法对象以描述行动和状态变化。不过情形演算有一个致命的缺憾——框架问题。框架问题分为表示框架问题和推理框架问题，虽然在情景演算中用后继状态公设取代效果公设和框架公设而解决了表示框架问题，但是却无法解决推理框架问题。

4.1 STRIPS 语言

STRIPS 语言是 R. File & Nilsson 在 1971 年提出的表示规划问题的一种简洁的形式化语言，它是一种能够描述范围很宽的各种问题的语言。STRIPS 语言成功地解决了推理框架问题，在说明它是怎么解决这个问题之前，先介绍 STRIPS 的相关知识。

STRIPS 语言定义了以下表示：

（1）状态。在规划问题中，用一个文字的合取式表示世界中的某一状态。我们采用一阶文字表示这种状态，在一阶状态描述中，这些文字必须是基项（ground），而且必须是无函数的。另外，还采用了封闭世界假设：在一个状态中没有提到的条件被认为是假的。

（2）行动（Action）。一个行动是由前提（Precondition）和效果（Effect）来表示和决定的。其中，前提是执行这个行动所必须满足的条件，效果是执行行动之后引起状态的变化，效果一般用删除表（D）和添加表（A）表示。例如：表示一个积木世界中的行动——把积木 x 从积木 y 上搬到 z 上，如图 4-1 所示。准确地说它表示的是一个行动模式，它包含的意义是指一系列不同的行动，这些行动可以通过把变量 x，y，z 实例化成不同的常量而得到。

$\text{Move}(x, y, z)$

$\text{PC}: \text{on}(x, y) \land \text{clear}(x) \land \text{clear}(z)$

$D: \text{on}(x, y) \land \text{clear}(z)$

$A: \text{on}(x, z) \land \text{clear}(y) \land \text{clear}(z)$

（3）目标。其实目标表示也应包括在状态表示中，之所以把它单独提出来，是因为目标仅是用正文字的合取式表示的，而且一个状态 S 满足目标 G（Goal）当且仅当状态 S 包含 G 的所有原子。

说明：注意这里有一个很重要的假设——无函数假设，之所以使用这个假设，是因为无函数假设保证了任何问题的行动模式都可以被命题化，而不会无限的迭代下去，以至于规划器无法处理。

我们在积木世界中表达 B 在 A 上这个状态，在 STRIPS 中状态表示为 On (B, A)，这样，执行某一个行动后原状态未改变的逻辑公式就可以直接"复制"下来，下面通过一个具体例子来说明 STRIPS 是如何解决框架问题的。

如图 4-1 所示的积木世界状态 S 用 STRIPS 语言表示为：

$$S = \{\text{on}(B, A) \wedge \text{on}(A, C) \wedge \text{on}(C, F) \wedge \text{clear}(B) \wedge \text{clear}(F)\}$$

现在执行动作 Move (B, A, F)，此行动的表示如下：

Move(B, A, F)
PC：on(B, A) $\wedge$ clear(B) $\wedge$ clear(F)
D：on(B, A) $\wedge$ clear(F)
A：on(B, F) $\wedge$ clear(A) $\wedge$ clear(F)

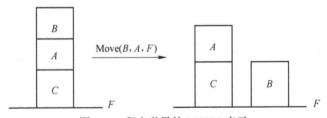

图 4-1 积木世界的 STRIPS 表示

（4）行动的执行。若状态 S 中有删除表 D 中的某一公式，则删除之；若状态 S 中没有添加表 A 中的某一公式，则添加之。对于行动的添加表 A 和删除表 D 中没有提到的 S 中的公式，STRIPS 语言使其直接复制到下一状态 S'，这一处理过程可以用集合运算来形式化表示：

$S' = (S_0 \setminus D) \cup A$ 对应到这里的行动 Move(B, A, F)：

$S' = (S \setminus \{\text{on}(B, A) \wedge \text{clear}(F)\}) \cup \{\text{on}(B, F) \wedge \text{clear}(A) \wedge \text{clear}(F)\}$
得到

$$S' = \{\text{on}(A, C) \wedge \text{on}(C, F) \wedge \text{on}(B, F) \wedge \text{clear}(A) \wedge \text{clear}(B) \wedge \text{clear}(F)\}$$

如图 4-1 所示。而在情景演算里，用效果公设、领域知识和框架公设来推理：

on(B, A, S) $\wedge$ clear(B, S) $\wedge$ clear(F, S) $\wedge$ ¬ $(B = F)$→on$(B, F, \text{do}(\text{Move}(B, A, F), S))$

$on(B, A, S) \wedge clear(B, S) \wedge clear(F, S) \wedge \neg (B = F) \rightarrow \neg on(B, A, do(Move(B, A, F), S))$

$on(B, A, S) \wedge clear(B, S) \wedge clear(F, S) \wedge \neg (B = F) \rightarrow clear(A, do(Move(B, A, F), S))$

$on(B, A, S) \wedge clear(B, S) \wedge clear(F, S) \wedge \neg (B = F) \rightarrow \neg clear(F, do(Move(B, A, F), S)) \wedge \forall S, clear(F, S)$

$on(A, C, S) \wedge \neg (A = B) \rightarrow on(A, C, do(Move(B, A, F), S))$

$on(C, F, S) \wedge \neg (C = B) \rightarrow on(C, F, do(Move(B, A, F), S))$

其中 $S' = do(Move(B, A, F), S)$，显然，在情景演算中与一个行动不相关状态转移较多时，STRIPS 语言用集合运算就非常简单地处理了。

由此分析可以很清楚地看到，STRIPS 语言非常容易地解决了"执行一个行动后原状态未改变的逻辑公式的表示"的问题，即是解决了框架问题，这也是 STRIPS 语言成为规划中最重要也是影响最大的语言之一的原因。

4.2　ADL 语言

1986，Pedanault 在 STRIPS 的基础上提出了 ADL 语言，ADL 语言继承了 STRIPS 语言的知识，并且放松了 STRIPS 语言的一些限制，使得规划语言更加灵活，而且应用范围也更加广泛。

ADL 语言对 STRIPS 进行了扩展，除了具有 STRIPS 的表达能力外，还能表达条件效果、量化效果等语言特征。条件效果是动作描述中与上下文相关的效果；量化效果是允许在动作的描述中具有存在量词和全称量词，图 4-2 给出了积木世界 unstack 动作的 ADL 表示。

---

unstack(top, bottom)

PREDOND：top $\neq$ bottom $\wedge$ On(top, bottom) $\wedge \forall \neg$ On(b, top)

EFFECTS：$\neg$ Blockedhand | Holding(top) $\wedge \neg$ On(top, bottom)

图 4-2　积木世界 unstack 动作的 ADL 表示

STRIPS 语言和 ADL 语言对于规划问题表示的详细比较见表 4-1。

表 4-1　STRIPS 和 ADL 语言对于规划问题表示的比较

STRIPS 语言	ADL 语言
在状态中只有正文字 Poor $\wedge$ Unknown	在状态中正负文字都有 $\neg$ Rich $\wedge$ Famous
封闭世界假设；未被提及的文字为假	开放世界假设；未被提及的文字是未知的
效果 $P \wedge \neg Q$ 意味着增加 P，删除 Q	效果 $P \wedge \neg Q$ 意味着增加 P 和 $\neg Q$ 及删除 $\neg P$ 和 Q
目标中只有基文字：Rich $\wedge$ Famous	目标中有量化变量：$\exists x At(p_1, x) \wedge At(p_2, x)$ 是在同一地方有 P_1 和 P_2 的目标

STRIPS 语言	ADL 语言
目标是合取式：Rich ∧ Famous	目标允许合取式和析取式：¬ Poor ∧ （Famous ∨ Smart）
效果是合取式	允许条件效果：when P：E 表示只有当 P 被满足时 E 才是一个效果
不支持等式	内建了等式谓词（$x=y$）
不支持类型	变量可以拥有类型，如（P：Plane）

4.3 PDDL 语言

规划逐渐从理论研究走向实际应用，将规划技术运用到实际问题领域就涉及如何对一个实际问题领域进行模型化并进行推理的问题。针对这一问题，1998年，Drew McDermott 提出了规划领域定义语言（Plan Domain Definition Language，PDDL）。PDDL 是一种标准化的规划问题描述语言，可用来对不同的规划系统进行比较分析，主要用于国际规划比赛。

（1）PDDL1.2 是 1998 年第一届国际智能规划比赛使用的规划语言，由 McDermott 定义的，PDDL1.2 的表达能力涵盖 STRIPS 和 ADL。

（2）2002 年的规划比赛上，Long 和 Fox 对 PDDL 进行了的扩展，称为 PDDL2.1。PDDL2.1 去掉了 PDDL1.2 中不常使用的部分，增加了数值表达、规划尺度和持续动作等新的表达能力，它的描述采取了 ADL 的一部分内容，比 STRIPS 的描述能力更强，更接近实际应用问题的描述，缩小了理论研究跟实际应用之间的距离。PDDL2.1 中规划尺度的引入是为了能够更好地根据问题域的特点来评价规划的质量。在给定的不同的规划尺度下，同样的初始状态如下：1）为了从明确的具体量（数量）上定义一个规划尺度，则必须先在问题域描述中引入那个数值量；2）在问题描述中加入该规划尺度；3）在初始状态中将该规划尺度的值进行初始化；4）在对影响该规划尺度的动作中添加相应的数值效果。目标状态可能产生完全不同的最优规划，规划尺度是在问题描述中定义的。

PDDL2.1 中还增加了持续的动作，扩展了经典规划中动作瞬间完成的假设。持续的动作定义为：在动作开始执行后要经过一段时间才能得到动作的效果。

（3）PDDL2.2 在 PDDL2.1 的基础上，增加了两个新的特性：派生谓词和时间初始文字。派生谓词提供了一种准确且自然的方式来表达动作的直接效果。规划问题的描述是基于一阶谓词逻辑的，其中谓词分成两类：基本谓词和派生谓词。二者的差别是，基本谓词可以出现在领域动作的效果中，而派生谓词不受动作的直接影响，它们在当前状态下的真值是通过领域规则所推导出来。派生谓词可以作为动作的前提或者目标出现在问题描述中。时间初始文字是一种在句法上非常简单的方式，用来表达无条件发生的外部事件。某些事实会在一个规划器预先设定的时间点上成为真或者假，无论规划器选择什么动作来执行。时间初始文字实际上非常有用：在现实世界中确定性无条件外部事件非常常见，特别是在某种时间窗口下。比如在固定时间段内商店开门、工人开工、交通拥堵、有日光、开会等。

（4）PDDL 3.0引入了偏好和轨迹。其中偏好是从过度规划问题（over-subscribed planning）演化而来的，但本身不涉及资源问题。而轨迹就提出了对中间目标和解路径的要求。具体含义如下：

1）偏好。也称软约束（soft constraints），表明用户希望但不要求必须满足的条件。因为有可能满足这个条件代价很大，甚至跟其他目标冲突。当偏好多于一个的时候，需要设定权重来表明哪些更重要。

2）轨迹。状态轨迹约束假设在规划执行过程中的整个状态序列必须满足某些条件。它使用时态算子在包含状态谓词的一阶公式上表达。基本的时态算子包括：always、sometime、at-most-once 和 at end，并使用 within 用来表达最终期限。为避免任意嵌套，还提供了 some-time-before、sometime-after always-within 等算子。

（5）PDDL3.1 被用于 2008 年的国际智能规划大赛，由在 Geffner 提出。PDDL3.1 支持函数 STRIPS，是一种不同的规划领域问题编码方法，不再将规划问题的值映射为真或假，而是映射为它的属性。这种编码方式为很多规划问题提供了更自然的建模方式，并使得启发式的提取更加容易，如因果图启发式等（见图 4-3）。

```
(: action unstack
    : parameters (? top - block ? bottom)
    : duration ( = ? duration 10)
    : precondition (and (not( = ? top ? bottom))
                        (on - top - of ? top ? bottom)
                        (forall(? b - block)
                            (not (holding ? b)))
                        (forall(? b - block)
                            (not(on - top - of ? b ? top)))
                        ( > (battery)5))
    : effect(and (holding ? top)
                 (not(on - top - of ? top ? bottom))
                 (decrease(battery 5)))
```

图 4-3　积木世界的 unstack 动作的 PDDL 表示

（6）PPDDL 是对规划语言 PDDL 的进一步扩充，用于描述概率规划问题。PPDDL1.0 可以用来描述马尔科夫决策过程，允许动作带有概率效果和奖励值。概率效果是对动作执行后可能出现的结果的明确说明。PPDDL 的语法如下：

$$(\text{probabilistic} \quad p_1o_1p_2o_2\cdots p_ko_k)$$

效果 o_i 发生的概率为 p_i，其中 $p_i>=0$ 且 $\sum_{i=1}^{k}p_i=1$，当动作的效果为空时，可以将效果和概率值删除。与其他常用的命题编码方法不同，PPDDL1.0 允许概率结果的嵌套，图 4-4 给出了积木世界的 unstack 动作的 PPDDL 表示。

```
(: action unstack
   : parameters(? top - block ? bot)
   : precondition
     (and (not ( = ? top ? bot))
                 (forall(? b - block)
                      (not(holding ? b)))
                 (on - top - of ? top ? bot)
                 (forall (? b - block)
                      (not (on - top - of ? b ? top))))
   : effect
     (and (probabilistic 0.7 (and(holding ? top)
                                  (not (on - top - of ? top ? bot))
                    0.3   (when (not ( =? bot table))
                                  (and(decrease (reward) 10)
                                     (not (on - top - of ? top ? bot))
                                     (on - top - of ? top table))))))))
```

图 4-4　积木世界的 unstack 动作的 PPDDL 表示

4.4　RDDL 语言

PPDDL 语言不适合建模更复杂的规划问题，如积木世界中的积木是带颜色的，后勤运输问题中卡车的同时移动，火星探测问题中机器人移动的位置、姿势，电梯控制问题中并发动作的描述（上、下、停止），六个电梯同时运行的并发动作有 3^6 个，交通控制问题中的多个交通灯和车辆等，随机函数的表示（非布尔型的，如泊松分布），最小化等待时间等。PPDDL 语言无法表示具有概率效果的并发动作。Scott Sanner 将动态贝叶斯网络和 PDDL2.2 相结合，提出了 RDDL 规划语言（Relational Dynamic Influence Diagram Language）。

4.4.1 RDDL 语言的特性 I

（1）所有的对象都是一个流（参数化的变量）：

1）状态流；

2）观察流（对部分可观察域）；

3）动作流（支持并发）；

4）中间流（派生谓词、关联效果）；

5）常量流（一般常量、拓扑关系）。

（2）灵活的流类型：

1）二进制（谓词）类型；

2）多值（枚举）类型；

3）整数和连续类型。

4.4.2 RDDL 语言的特性 II

（1）转换语义的明确说明（支持不受限制的并发）。

（2）支持外部事件的独立性。

（3）转换/回报函数的表达方式。

1）逻辑表达式（$\wedge$，$\vee$，$\Rightarrow$，$\Leftrightarrow$，$\forall$，$\exists$）；

2）算术表达式（$+$，$-$，$*$，$/$，$\sum_X$，$\prod_X$）；

3）比较表达式（$=$，$\neq$，$<$，$>$，$\leqslant$，$\geqslant$）。

（4）条件表达式（if-then-else，switch）。

（5）基本概率分布（离散分布，伯努利分布，正态分布，泊松分布）。

4.4.3 RDDL 语言的特性 III

（1）目标和 POMDP 相结合：

1）任意的回报值（目标的数值偏好）；

2）有限时间域；

3）折扣或非折扣表示。

（2）状态/动作约束：

1）合法动作编码（并发动作前提）；

2）状态变量声明（如一个包裹不能同时在两个地方）。

图 4-5 给出了简单布尔命题域的 DBN 和因子图表示，该问题域中包含三个布尔状态变量 p、q、r 和一个动作变量 a，$P(p' \mid p, r)$ 为条件概率，与因子图等价的 RDDL 表示如图 4-6 所示。

当前状态和动作　　　　下一状态和回报

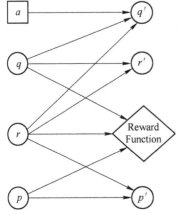

p	r	p'	$P(p'\|p, r)$
ture	ture	ture	0.9
ture	ture	false	0.1
ture	false	ture	0.3
ture	false	false	0.7
false	ture	ture	0.3
false	ture	false	0.7
false	false	ture	0.3
false	false	false	0.7

图 4-5　简单布尔命题域的 DBN 和因子图表示

```
//定义状态和动作变量（这里不是参数）
pvaribales {
        p：{state-fluent bool default = false} ;
        q：{state-fluent bool default = false} ;
        r：{state-fluent bool default = false} ;
        a：{state-fluent bool default = false} ;
//根据前一状态和动作定义每个状态的条件概率函数
Cpfs {
        p'=if（p∧r）then Bernoulli（.9）else Bernoulli（.3）
        q'=if（q∧r）then Bernoulli（.9）
                        else if（a）then Bernoulli（.3）else
Bernoulli（.8）
        r'=if（∧q）then KronDelta（r）else KronDelta（r⇔q）
```

图 4-6　简单布尔命题域的 RDDL 表示

5 马尔科夫决策过程

5.1 MDP 基本模型及概念

马尔可夫决策过程适用的系统有三大特点：一是状态转移的无后效性；二是状态转移可以有不确定性；三是智能体所处的每步状态完全可以观察。下面我们将介绍 MDP 基本数学模型，并对模型本身的一些概念及在 MDP 模型下进行问题求解所引入的相关概念做进一步解释。

5.1.1 基本模型

马尔科夫决策过程最基本的模型是一个四元组 $(S，A，T，R)$。

（1）状态集合 S。问题所有可能世界状态的集合（比如，在自动直升机系统中，直升机当前位置坐标组成状态集）。

（2）行动集合 A。问题所有可能行动的集合（比如，使用控制杆操纵的直升机飞行方向，让其向前，向后等）。

（3）状态转移函数 T。$S{\times}A{\times}S'{\rightarrow}[0，1]$：用 $T(s，a，s')$ 来表示在状态 s，执行动作 a，而转移到状态 s' 的概率 $p(s'|s，a)$（当前状态执行 a 后可能跳转到很多状态）。

（4）报酬函数 R。$S{\times}A{\rightarrow}R$：我们一般用 $R(s，a)$ 来表示在状态 s 执行动作 a 所能得到的立即报酬。

图 5-1 描述的是在 MDP 模型下，智能体（Agent）与问题对应的环境交互的过程。智能体执行行动，获知环境所处的新的当前状态，同时获得此次行动的立即收益。

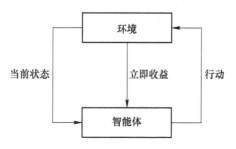

图 5-1 MDP 的基本模型

5.1.2 状态

状态是对于在某一时间点对该世界（系统）的描述。最一般化的便是平铺式表示，即对世界所有可能状态赋以标号，以 S_1，S_2，S_3，…这样的方式表示。这种情况下，标号状态的数目也就代表了状态空间的大小。

大多数情况，智能体对自己所处的当前世界的状态不可能有一个完整的认识。因此，我们引入概率的方法来处理这类信息的不确定性。我们引入随机变量 S^t，随机变量从状态集合 S 中取值。变量 S^t 并非由未来时刻的状态所决定，而是由过去状态影响，如图 5-2 所示。

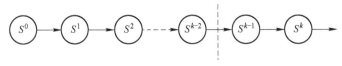

图 5-2　马尔科夫链

图 5-2 所表示的是一离散的、随机的动态系统，图中的每个节点表示在某一时刻的某一状态。对于随机变量 S^t，有 $\Pr(S^t \mid S^0, S^1, \cdots, S^{t-1}) = \Pr(S^t \mid S^{t-1})$，为一条件概率。它也同时体现了马尔科夫性质，即 S^t 只是概率依赖于 S^{t-1}。任何两个状态间的关系可以只用两个状态来表示。

同时，引入吸收状态这一概念，如果对于某一状态 s，执行任何行动，过程都以概率 1 转移到 s 本身，则该状态 s 被称为吸收状态。

5.1.3 行动

MDP 的一个关键部分是提供给 Agent 的用于做决策的行动集合。当某一行动被执行，世界状态将会发生改变，根据一个已知的概率分布转换为另一状态，这个概率分布也和所执行的动作有关。我们假设所有行动的执行时间是相同的，状态转移的时间间隔一致。这种行动有时也可以被称为系统的原子动作。在该系统内，行动已对应最小的时间划分，原子动作不可再分割。比如，在一个棋盘类游戏中，每一步所有的走子方式构成了原子动作的集合。再比如，在一个实时的机器人运动控制中，离散的最小时间片内，机器人可以选择以一定的离散的角度转向，或者以一定的离散的加速度进行速度控制，这些也构成了在该系统下的原子动作集合。

5.1.4 状态转移函数

状态转移函数描述了系统的动态特性，我们可以做以下比较：
（1）确定环境下的行动。T：$S{\times}A{\rightarrow}S$。

在某个状态 S 执行动作 a 可以得到一个确定的状态。

（2）随机环境下的行动。$T: S \times A \rightarrow \mathrm{Pr}\, ob(S)$。

在某个状态 s_i 下执行某一动作 a，我们得到的是一状态的概率分布 $P(s_j \mid s_i, a)$，也记为 $T^a(s, s')$。

图 5-3 显示了一个对某给定行动，状态间概率转移的情况。在简单的问题中，状态转移函数也可以记为表格的形式。

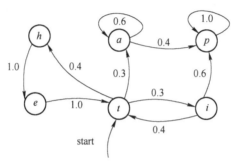

图 5-3　状态间的概率转移

5.2　MDP 典型算法

马尔可夫决策过程将客观世界的动态特性用状态转移来描述，相关算法可以按是否求解全部状态空间进行划分。早期求解算法有值迭代和策略迭代，这些方法采用动态规划，以一种后向的方式同时求解出所有状态的最优策略。随后，一些利用状态可达性的前向搜索算法，如 AO*、LAO*（Hansen E A et al, 2001）被相继提出，他们的特点是只求解从给定初始状态开始的最优策略，通常可以避免大量不必要的计算，获得更高的效率。与 AO* 算法比较，LAO* 能够处理状态转移存在环的系统。同样利用状态可达性并结合动态规划的算法有：Heuristic Search/DP（HDP）（Bonet B et al, 2003），Envelope Propagation（EP）（Dean T et al, 1995）以及 Focused Dynamic Programming（FP）（Ferguson D et al, 2004）。从另一个角度，相关算法还可以按离线或在线划分。对于很多现实世界应用中的大规模问题，无论是否利用状态可达性，解都不可能以离线的方式一次性求出，这种情况更适合使用在线算法，也称为实时算法。实时算法的决策计算与执行交替进行，且解的质量通常随给定计算时间的增加而提升。最早的基于动态规划的实时算法是 RTDP（Barto A G et al, 1995）。RTDP 通过不断循环 Trail 来改进策略，每次 Trail 确定一个从初始状态到目标状态的路径然后进行反向的值迭代，然而 RTDP 不处理停止问题（Stopping Problem）（Pemberton J C, 1994）。停止问题指如何判断当前解的质量是否已满足要求进而停止计算并提交策略供执行。在值迭代类算法中，停止问题对应收敛判据。Labeled RTDP（Bonet B，et al）通过标记各经历状态是否已被求解，给出了一种处理停止问题的方式，同时避免已经求解过的状态处的计算进而加快收敛。最新的实时动态规划算法，如 BRTDP（McMahan H B）及 FRTDP（Smith T，et al）使用了另外一种技术，求解过程记录并不断更新相关状态期望值函数的上界下界，这些信息用来指导分支选择，显著地提高了算法性能。另一方面，上下界提供了最优值函数的一个区间估计，当给定初始状态的值函数上下界间隔足够小时，便可认为已经获得满足精度的最优策略。

5.2.1 动态规划法

策略迭代与值迭代是求解 MDP 问题的两个最基本反向迭代类算法，均基于动态规划。

一个概率规划问题通常可以模型化为随机最短路径问题。随机最短路径问题是一类特殊的马尔科夫决策问题，定义为一个六元组 $\langle S, A, T, c, G, S_0 \rangle$，其中，$S$ 是一组有限状态的集合；A 是有限行动的集合，对任一 $s \in S$，$A(s)$ 表示在状态 s 上的可用动作的集合；T 是转移模型，即对在每个可能状态中的每种行动的概率结果的详细说明。对于 $s, s' \in S$，$T(s, a, s')$ 表示在状态 s 上执行动作 a 时到达状态 s' 的概率；c 是代价函数，对任一 $s \in S$，$a \in A(s)$，$c(a, s)$ 表示在状态 s 上执行动作 a 的代价；G 是目标集，$G \subseteq S$；$S_0 \in S$ 是初始状态。

这时，求解概率规划问题即转换为求解下面的不动点方程：

$$f(s) = \min_{a \in A(s)} \left[c(a, s) + \sum_{s' \in S} T(s, a, s') f(s') \right]$$

策略迭代算法和值迭代算法可以用于求解上述问题。

决策问题的解称为策略（policy），是从状态集合到动作集合的一个映射，即按照策略解决问题的过程是：首先智能体需要知道当前所处状态 π：$S \to A$，然后执行策略对应的行动 $\pi(s)$，并进入下一状态，重复此过程直到问题结束。MDP 中假定 Agent 通过观察可以完全确定当前所处的状态。一个平稳策略是一个函数 π：$S \to A$，即该函数给每一个状态指定一个动作。给定一个回报标准后，一个策略可为每一个状态计算出期望值。设 $V^*(s)$ 是在状态 S 下由 π 给出的期望值。这反映了在该状态下按照策略 π 行动时获得的期望值。如果不存在一个策略 π' 及其状态 S 满足 $V^{\pi'}(s) > V^{\pi}(s)$，则称策略 π 为最优策略。即对于每一个状态，该策略比其他策略具有更高或相等的期望值。

5.2.1.1 策略值

对于折扣率为 γ 的折扣回报，策略 π 的期望值由两个相互关联的函数 V^{π} 和

Q^π 定义。设 $Q^\pi(s, a)$ 是在状态 s 下根据策略 π 执行动作 a 时的期望值。$V^\pi(s)$ 是在状态 s 下遵循策略 π 的期望值。

Q^π 和 V^π 彼此可以递归定义。如果 Agent 做规划时，并不知道确切的结果状态，因此它使用期望值，即所有结果状态的值的平均值：

$$Q^\pi(s, a) = \sum_{s'} P(s' \mid s, a)(R(s, a, s')) + \gamma V^\pi(s')$$

其中，$V^\pi(s)$ 可通过执行策略 π 确定的动作并按照该策略执行得到：

$$V^\pi(s) = Q^\pi(s, \pi(s))$$

5.2.1.2 最优策略值

设 $Q^*(s, a)$ 是 Agent 在状态 s 下执行动作 a 并遵循最优策略的期望值，设 $V^*(s)$ 是从状态 s 开始遵循最优策略的期望值。Q^* 的定义类似于 Q^π 的定义：

$$Q^*(s, a) = \sum_{s'} P(s' \mid s, a)(R(s, a, s')) + \gamma V^*(s')$$

其中，$V^*(s)$ 是在每个状态中执行使得值最大的动作所得的值：

$$V^*(s) = \max_a Q^*(s, a)$$

最优策略 π' 是使得 Agent 在每一个状态下均能获得最大值的策略：

$$V^*(s) = \arg\max_a Q^*(s, a)$$

其中，$\arg\max_a Q^*(s, a)$ 是状态 s 的一个函数，其值为使 $Q^*(s, a)$ 最大的动作 a。

5.2.1.3 值迭代

值迭代是一个计算最优 MDP 策略及值的方法。值迭代从一个"终点"开始，然后不断向后计算，逐步精化 Q^* 或 V^* 的估计值。算法没有真正的终点，因此它需要有一个人为指定的终点。设 V_k 为阶段 k 的值函数，Q_k 为阶段 k 的 Q 函数，它们可以递归定义。值迭代从一个任意的函数 V_0 开始，然后使用下面的公式从 k 阶段的函数得到 $k+1$ 阶段的函数：

$$Q_{k+1}(s, a) = \sum_{s'} P(s' \mid s, a)(R(s, a, s') + \gamma V_k(s')), \ k \geq 0$$

$$V_k(s) = \max_a Q_k(s, a), \ k > 0$$

计算过程可选择存储 $V(S)$ 数组，也可选择存储 $Q[S, A]$ 数组。存储数组需要的空间少，但确定一个最优动作比较困难，并且需要更多一次迭代来确定哪个动作的价值最大。

值迭代过程如图 5-4 所示。

图 5-5 显示了存储 V 数组的值迭代算法。无论初始值函数 V_0 的取值为何，该过程都是收敛的。接近 V^* 的初始值比远离 V^* 的初始值函数的收敛速度快。许多 MDP 的提取技术的基础是使用一些启发式方法来近似 V^* 并将该近似值作为值迭代的初始种子。

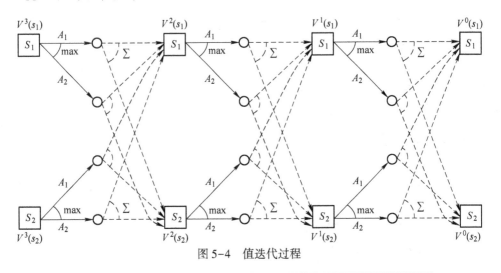

图 5-4 值迭代过程

```
procedure   Value_Iteration (S, A, P, R, θ)
Inputs
     S：所有状态的集合
     A：所有动作的集合
     P：状态转换函数 P(s′| s, a)
     R：回报函数 R(s, a, s′)
     θ：一个阈值，θ>0
Outputs
     π[S]：近似最优策略
     V[S]：值函数
Local
     实数取值的数组 V_k[S]，一个值函数序列
     动作数组 π[S]
     为 V_0[S] 任意赋值
     k：=0
     repeat
     k：=k+1
     for each s do
```
$$V_k[s] = \max_a \sum_{s'} P(s'| s, a)(R(s, a, s') + \gamma V_{k-1}[s'])$$
```
     until ∀s| V_k[s] − V_{k-1}[s] | < θ
     for each s do
```
$$\pi[s] = \mathrm{argmax}_a \sum_{s'} P(s'| s, a)(R(s, a, s') + \gamma V_k[s'])$$
```
     return π, V_k
```

图 5-5 MDP 的值迭代算法，存储数组 V

【例5-1】 网格化的世界是机器人的一个理想环境。任何时刻，机器人在某个位置并能移向临近的位置，并为此获得回报或者接收惩罚。假设机器人的动作是随机的，也就是说结果状态服从一个概率分布，且此概率依赖于执行的动作和所处的状态。

如图5-6所示是一个机器人的运行环境，由4个状态组成。机器人可以在某一时刻占据其中的一个状态；机器人可以选择执行两种动作，分别为向东行进和向西行进。设定机器人的目的在状态3。如果机器人停在状态3，则得到奖赏值+1；如果机器人选择某一动作后撞墙，则得到奖赏值-1，相当于一种惩罚，其他情况奖赏值为0。机器人成功执行已选择的动作的概率为0.9，不执行动作而原地不动，或者移动到相反方向的概率为0.1。图5-7给出了每个动作的奖赏值以及转换概率。

图5-6 组成机器人运行环境的四个状态

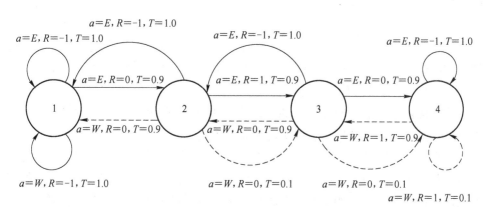

图5-7 每个状态和动作的转换概率和奖赏值

在 $t=1$ 时刻，机器人的值函数数值就等于机器人执行了第一个动作后的最大即时奖赏值。$t=1$ 时刻，每个状态对应的值函数如下：

$$V_1(1) = 0$$
$$V_1(2) = 1$$
$$V_1(3) = 0$$
$$V_1(4) = 1$$

如果设 $\gamma=0.9$，则每个状态对应的值函数如下：

$$V_2(1) = 0 + 0.9[0.9 \times V_1(2) + 0.1 \times V_1(1)] = 0.81$$
$$V_2(2) = 1 + 0.9[0.9 \times V_1(3) + 0.1 \times V_1(1)] = 1$$

$$V_2(3) = 0 + 0.9[0.9 \times V_1(4) + 0.1 \times V_1(2)] = 0.9$$

$$V_2(4) = 1 + 0.9[0.9 \times V_1(3) + 0.1 \times V_1(4)] = 1.09$$

两单位时间，即 $t=2$ 的 MDP 问题，值函数计算出的奖赏值即为机器人连续执行两个连续动作的奖赏。值函数等式包含两部分奖赏值：一个是即时奖赏 $R(s, a, s')$；另一个是机器人将会得到的期望奖赏值 $\gamma V_{k-1}[S']$。期望奖赏值是根据 MDP 中定义的转换模型计算得到的。在上面的例子中，为了计算状态 1 在时刻 2 的值函数数值，在期望奖赏的基础上加上了机器人将要执行的向东动作的即时奖赏，这个即时奖赏的值等于 0，期望奖赏的值等于机器人从状态 1 执行完向东动作后所得到的奖赏值。当机器人从状态 1 执行向东动作时，它将以 0.9 的概率到达状态 2，或者以 0.1 的概率值还停留在状态 1。因此，期望奖赏就等于状态 2 在 $t=1$ 时刻的奖赏函数乘以 0.9 加上状态 1 在 $t=1$ 时刻的奖赏函数乘以 0.1，0.9 和 0.1 分别为动作将要被执行的概率。在 $t=1$ 时刻，值函数只是等于机器人从状态 1 或状态 2 执行向东动作的即时奖赏值，相当于一个初始的过程。作为结果，在 $t=2$ 时刻，根据 MDP 中定义的转换概率公式，可以得出，状态 1 的值函数等于执行了两个动作后所得到的、经过 γ 因子 2 = 折扣后的奖赏值之和。

根据上面这个比较简单的例子可以看出，在有限范围内，通过值迭代可以得到最优动作序列，从而机器人执行这一最优动作序列就可以到达目标状态。

5.2.1.4 策略迭代

策略迭代从一个策略开始，然后迭代改进它。算法从任意一个策略 π_0（越接近最优策略越好）开始，然后执行下面的步骤，其中 i 从 0 开始。

策略评估：V^π 由一组共 $|S|$ 个线性方程定义。其中有 $|S|$ 个未知变量。这些未知变量就是 $V^{\pi_i}(S)$ 的取值。每一个状态对应一个方程。这个线性方程组可用解线性方程组的方法（如高斯消去法）求解，或者可以用迭代的方式求解。

策略改进：选择 $\pi_{i+1}(s) = \underset{a}{\mathrm{argmax}} Q^{\pi_i}(s, a)$，其中 Q 值可使用下式

$$Q^\pi(s, a) = \sum_{s'} P(s' \mid s, a)(R(s, a, s') + \gamma V^\pi(s'))$$

根据 V 的值计算出来。为检测算法何时已收敛，应该仅在某些状态下的新动作改进了期望值时才改变策略，也就是说 $\pi_i(s)$ 是一个使 $Q^{\pi_i}(s, a)$ 最大的动作，则应该将 $\pi_{i+1}(s)$ 设为 $\pi_i(s)$。当策略不再变动时停止，即 $\pi_{i+1} = \pi_i$ 时停止；否则，i 增 1 并重复本过程。算法如图 5-8 所示。该算法仅保留了最新的策略，并知道它是否已被改变。该算法总会停止，且通常不会迭代很多步，但解线性方程组通常很耗时。

由于可能策略数目是有限的，而策略迭代的过程总是在改进当前的策略，算法在经过有限步的迭代后总会收敛于最优策略。

```
procedure Policy_Iteration (S, A, P, R)
    Inputs
        S: 所有状态的集合
        A: 所有动作的集合
        P: 状态转换函数 P(s′ | s, a)
        R: 回报函数 R(s, a, s′)
    Outputs
        最优策略 π
    Local
        动作数组 π[S]
        布尔变量 noChange
        实数数组 V[S]
    设置任意一个策略 π
    repeat
            noChange←true
```

$$求解 \; V[s] = \sum_{s' \in S} P(s' \mid s, \pi[s]) (R(s, a, s') + \gamma V[s'])$$

```
            for each s ∈ S do
                设 Qbest = V[s]
                for each a ∈ A do
```

$$Let \; Qsa = \sum_{s' \in S} P(s' \mid s, a) (R(s, a, s') + \gamma V[s'])$$

```
                if Qsa>Qbest then
                    π[S]←a
                    Qbest←Qsa
                    noChange←false
    until noChange
    return π
```

图 5-8 MDP 的策略迭代算法

5.2.2 前向搜索类算法

现实中有些问题并不需要求解从所有状态到达目标状态的策略，而是给定从固定的初始状态开始。值迭代或策略迭代都可以求解该类问题，但是这两种求解方法都没有利用初始状态的相关知识，没能把计算集中在由初始状态可能达到的那些状态上，无论值迭代还是策略迭代每次更新时都会计算所有状态。

一个状态空间上的搜索问题与 MDP 类似（见图 5-9），可以被定义为一系列状态集合，一系列行动的集合，以及一个花费函数或者收益函数。问题的目标为找到一个从起点状态到终点状态的最小花费或最大收益的路径。

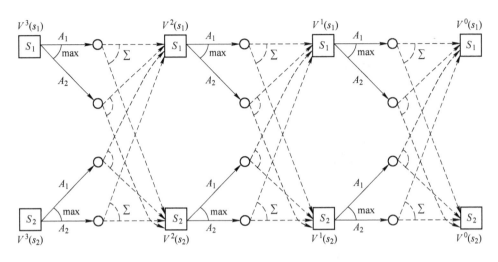

图 5-9　前向搜索过程

对于复杂的问题，直接求解往往比较困难。可以采取以下方案：从原问题出发，通过运用某些规则不断进行问题分解，重复进行，直到不能再分解或不需要分解为止；或者从原问题出发，通过运用某些规则不断进行问题变换，把原问题变换为若干较容易求的新问题。与或树用来描述一类问题的求解过程：把待解的原问题作为初始节点，把由原问题经一系列分解或变换而得到的可解的简单问题作为目标节点。节点对应问题，子节点对应子问题（由节点分解或变换）。与或树的节点代表问题，其中既有与关系又有或关系，整个树表示问题空间。

与或图中有两种代表性的节点（见图 5-10）："与节点"和"或节点"。或节点指各个后继节点均完全独立，只要其中一个有解它就有解，与节点指所有后继节点都有解时它才有解，各个节点之间用一端小圆弧连接标记。

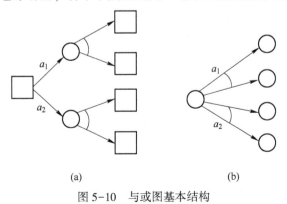

(a)　　　　　　　　　(b)

图 5-10　与或图基本结构

一个节点是可解，则节点须满足下列条件之一：

（1）终止节点是可解节点。

（2）一个与节点可解，当且仅当其子节点全都可解。

（3）一个或节点可解，只要其子节点至少有一个可解。

一个节点是不可解，则节点须满足下列条件之一：

（1）非终止节点的端节点是不可解节点。

（2）一个与节点不可解，只要其子节点至少有一个不可解。

（3）一个或节点不可解，当且仅当其子节点全都不可解。

图 5-10(a) 显示了一个或节点及两条从它出发的弧，分别对应行动 a_1 与 a_2。每条弧导向一个拥有两个后继或节点的与节点，后继或节点即对应了一个可能的后继状态（图中方形代表或节点，圆形代表与节点）。图 5-10(b) 显示了一个状态，由一个圆形标识，并有两个连接从它出发，分别对应行动 a_1 和 a_2，每个连接导向了两个可能的后继状态。与或树的一般搜索过程流程：

（1）把原始问题作为初始节点 S，并把它作为当前节点。

（2）应用分解或等价变换算符对当前节点进行扩展。

（3）为每个子节点设置指向父节点的指针。

（4）选择合适子节点作为当前节点，反复执行（2）、（3）步。在此期间多次调用可解标示过程和不可解标示过程，直到初始节点被标示为可解节点或不可解节点为止。由这个搜索过程所形成的节点和指针结构称为搜索树，搜索中通过可解标示过程确定初始节点是可解的，则由此初始节点及其下属的可解节点就构成了解树。

与/或树搜索有两个特性，可以用来提高搜索效率：如果已确定某个节点为可解节点，其不可解的后裔节点不再有用，可从搜索树中删去；若已确定某个节点是不可解节点，其全部后裔节点都不再有用，可从搜索树中删去。但当前这个不可解节点还不能删去，在判断其先辈节点的可解性时还要用到。

以上介绍了 MDP 的后向迭代及前向搜索两大类最基本的算法，后向迭代类算法通常具有状态空间、行动空间，及求解精度的多项式时间的计算复杂度，而前向搜索类算法在求解具体问题时由于利用了状态可达性的信息常常具有更高的效率。

5.2.3 实时动态编程

实时动态规划（RTDP）方法将实时前向搜索和动态编程相结合来解决随机最短路径问题，在 RTDP 算法中，并不对所有状态的评估函数进行更新，搜索的深度是有限的，因而减少了状态空间。在一定的假设前提条件下，RTDP 收敛于一种最优策略。

RTDP 在一个单一的执行路迹上模拟贪婪策略，并使用贝尔曼更新方程更新它们访问到的状态的评估值。这里主要介绍 trial-based RTDP 算法。该算法通过将状态上的计算组织为 Sequential trials 而求解规划问题。Sequential trials 是一种边试验边修正试验方案的试验方法。一个 RTDP 试验是一个路径，每一个试验包含一系列步骤（steps）。在每一步骤中，根据前向一步或多步深度搜索而选择动作，基于动作的结果，选择当前的状态。包含当前状态的一个状态子集的代价函数被更新，也即控制器总是遵循与最近更新的最优评估函数相对应的贪婪策略，通过这个策略来选择将要执行的动作，基于被选择的这个动作来更新当前状态。在每一个试验的开始，当前状态被设置为开始状态，当到达目标状态或经过一定的步骤数之后，试验结束。RTDP 反复执行这样的试验，直至收敛。RTDP 的一个重要特性是，它只更新从初始状态能够到达的那些状态的评估值，可能忽略了状态空间中的许多状态，因而可以相对比较快地产生一个相对比较好的策略。在确定性合理条件下，RTDP 逐渐收敛于最优解而不用估计整个状态空间。

5.3 POMDP

部分可观测马尔可夫决策过程（partially observable Markov decision processes, POMDP）模型是马尔可夫决策过程（MDP）模型的扩展。MDP 模型根据系统当前实际状态做出决策，但是很多情况下，系统的精确状态难以获取。例如，对复杂的机械系统，测量系统状态的传感器信号常受到噪声污染，难以获得系统的精确状态。POMDP 假设系统的状态信息不能直接观测得到，是部分可知的，因而对只有不完全状态信息的系统建模，依据当前的不完全状态信息做出决策。POMDP 的应用领域非常广泛，包括工业、科学、商业、军事和社会等。

问题求解的大部分模型是基于动作不确定性的，不确定状态更贴近现实的普遍问题。解决部分感知问题的一个主要方法是建立部分可观测马尔科夫决策过程，它是基于最优搜索的强化学习算法。

5.3.1 基本模型

相对于 MDP 模型，POMDP 模型中加入了对观察的处理，POMDP 模型的表示如图 5-11 所示。

一般情况下，模型为一个六元组 $\langle S, A, T, R, \Omega, O \rangle$。其中 S, T, A, R 与 MDP 模型相同，而增加的部分为：

（1）Ω：可能得到的观察的集合。

（2）$O(s', a, o)$：O：$S \times A \times O \rightarrow O$ 为观察函数，给出在执行动作 a 并进入下一个状态 s' 时可能观察的概率分布，使用 $\Pr(o \mid s', a)$ 表示。

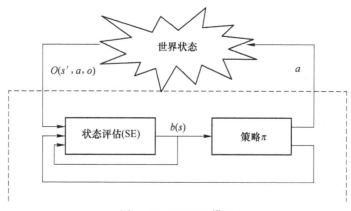

图 5-11　POMDP 模型

（3）B：智能体的信念状态空间，使用 $b(s)$ 来描述在智能体信念中，当前处在状态 s 的概率。

5.3.2　观察

我们假设一个有限的观察集合 $O = \{o_1, o_2, \cdots, o_H\}$，智能体观察的选择和对当前状态的感知来自于这个集合。在 POMDP 模型上，可以通过一系列的假设得到其他的模型。例如全观察（full observable）的 MDP（FOMDP），如前所述，Agent 对各个时刻的环境的了解是全面的。那么有以下的定义：

$$\Pr(o_h \mid s_i, a_k, s_j) = \begin{cases} 0 & \text{if} \quad o_h = s_j \\ 1 & \text{otherwise} \end{cases}$$

另一个比较极端的模型是 non-observable 系统（NOMDP）。在这个系统里，Agent 在执行时，不会从系统获得任何的有关当前状态的信息。这样，该系统的观察集合为 $O = \{0\}$，即，在每个状态获得的观察都是一样，这样观察集合就变得没有意义了。这两种极端情况是 POMDP 的特例。

5.3.3　信念状态

在 POMDP 问题中，智能体的决策过程如图 5-12 所示。

由于智能体在 POMDP 中不能保证每步都获得全部的当前状态信息，为了仍保持过程的马尔可夫性，这里引入了信念状态这一概念。信念状态是智能体根据观察及历史信息计算得到的一个当前状态对所有世界状态的一个概率分布，记为 $b(s)$，有对 $\forall s$，有 $0 \leqslant b(s) \leqslant 1$ 且 $\sum_{s \in S} b(s) = 1$。由于它是智能体主观信念上所认为的一个状态，故称为信念状态。作为一个概率分布，信念状态空间是连续的，无限的，实例信念状态的简单模型表示如图 5-13 所示。

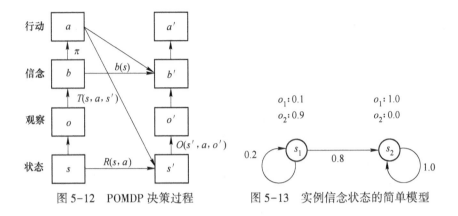

图 5-12 POMDP 决策过程   图 5-13 实例信念状态的简单模型

5.3.4 策略和值函数

在 POMDP 模型中，策略的作用是为每个信念状态给出一个可取的动作。换句话说，一个策略 π 就是信度集 B 到动作集 A 的一个映射。对于一个信度状态 b，$\pi(b)$ 就是策略 π 为状态 b 选取的动作。若策略 π 独立于决策时刻，那么这个策略就是一个稳定的策略。换句话说，在任何时间点上，一个稳定的策略为同一个信度状态所分配的动作是相同的。对于某个策略 π，若智能体从信度状态 b 开始运行，它的折扣期望奖赏值为下式：

$$V^\pi(b) = E_{b,\pi}\Big[\sum_{n=1}^{\infty} \lambda^{n-1} R(b^n, \pi(b_n))\Big]$$

式中，b_n 为信念状态；$\pi(b_n)$ 为决策时刻 n 时信度状态 b_n 所应采取的动作，称 V^π 为策略 π 的值函数，它是从信度集 B 到实数值的映射。对于信度状态 b，$V^\pi(b)$ 就是智能体从 b 开始出发，按照策略 π 所给出的动作运行所储存的期望折扣奖赏值，它实质上是对策略好坏的评价值。

策略之间通过它们的值函数进行比较。给出两个策略 π_1 和 π_2，如果对于任一个策略 b，$V^{\pi_1}(b) \leq V^{\pi_2}(b)$，就可以认为策略 π_2 要优于策略 π_1，也可以说策略 π_2 支配策略 π_1。直觉上，若智能体从相同的初始信度状态出发，按照支配性策略运行的智能体往往收到的奖赏值会较大。

如果策略 π 能够支配其他所有的策略，那么它就是最优策略。最优策略通常用 π^* 表示。一个最优策略的值函数称为最优值函数，用 V^* 表示。对于任意信念状态 b，$V^*(b)$ 表示从信念状态 b 出发的智能体所能得到的最大折扣期望奖赏值之和。如果对于任意的状态 b 有 $V(b) + \varepsilon \geq V^*(b)$，则称值函数 V 是 ε-最优的。综上所述，解决一个 POMDP 问题就意味着为 POMDP 模型寻找最优的或 ε-最优的值函数。

5.4 POMDP 的求解算法

值迭代和策略迭代是解决 POMDP 的两个代表性的算法。值迭代算法是在值函数空间寻找最优解；而策略迭代是在策略空间中寻找最优解。

5.4.1 值迭代

值迭代算法从初始值函数开始，以迭代的方式更新值函数。当两个连续值函数的区分值 $|V_t-V_{t-1}|$ 减小到预先设定好的阈值时，算法终止，输出最终得到的更新后的值函数。所有的值函数表现为向量集的形式。算法描述如图 5-14 所示。

```
值迭代（V，ε）
1. t=0，V=V0
2. do {
3. V_{t+1} = TV_t
4. t=t+1
5. }    while（max_{b∈B} | V_t(b) − V_{t-1}(b) | ≤ ε）
```

图 5-14　POMDP 的值迭代算法

在算法的第一行，首先初始化值函数，并计算需要预先指定的精度 ε。然后用一个 do-while 循环更新值函数并不停地判断终止的条件。在第三行，DP 更新从先前的一个集合计算出一个新的向量集合。第五行判断是否到达终止条件。如果 $(\max_{b\in B} | V_t(b) - V_{t-1}(b) | \leq \varepsilon)$，值迭代停止。

5.4.2 策略迭代

在策略迭代中，开始的时候先给出一个策略。在每次迭代过后，当前的策略就被更新为一个新的策略。如果这个新的策略和上个策略粗糙程度相同，则迭代终止，输出策略；否则进入下一循环，继续迭代。

```
策略迭代（π，ε）
1. t=0，π=π0
2. do {
3. π_{t+1} = Tπ_t
4. t=t+1
5. }    while（两个策略具有很大差别）
```

图 5-15　POMDP 的策略迭代算法

如图 5-15 所示为策略迭代算法的伪代码。第一行初始化策略，第三行通过迭代得到了一个新的策略，第五行测试算法是否应该终止。

6 代数决策图

代数决策图是有序二叉决策图的一种扩展形式。ADD 极大地改善了伪布尔函数和有限域取值函数的描述能力。本章对代数决策图相关的基本定义、ADD 操作算法及矩阵乘法运算进行讨论。

6.1 ADD 及其性质

伪布尔函数 $f: \{0, 1\}^n \to \mathbf{Z}$（整数集合）的表示和操作是实际应用中的一类重要问题。对于这类函数，Bahar 等定义了具有任何有限域描述能力的代数决策图，极大地改善了伪布尔函数和有限域取值函数的描述能力。

代数决策图是伪布尔函数的一种图形表示。下面从伪布尔函数着手讨论 ADD 的概念。

定义 6-1 任意一个自变量取值只能是 0 或 1，函数值可为实数的 n 元函数，称为 n 元伪布尔函数。如果实数集为 $\mathbf{R}$、$B = \{0, 1\}$，那么 n 元伪布尔函数可表示为 $f: B^n \to \mathbf{R}$。

由伪布尔函数的定义可知，每一布尔函数必定是伪布尔函数。因为伪布尔函数的函数值为实数，所以除了布尔运算外还有算术运算。本书讨论函数值为整数的伪布尔函数，如无特殊说明，书中所说的伪布尔函数都是此类函数。

定义 6-2 一个 ADD 就是表示基于变量 x_1, x_2, $\cdots$, x_n 的一族伪布尔函数 $f_i: \{0, 1\}^n \to S$ 的有一个有向无环图，它满足：

（1）S 为 ADD 代数结构的有限值域，且 $S \subseteq \mathbf{Z}$（整数集合）。

（2）ADD 中节点分为根节点、终节点和内部节点三类。没有父辈节点或者没有输入弧的节点称为根节点；没有后继子节点或者没有输出弧的节点称为终节点；除根节点和终节点之外的节点或者具有输入和输出的节点称为内部节点。

（3）终节点集合记为 T。对 $\forall t \in T$，均被标识为值域 S 中的一个元素 $s(t)$。

（4）每个非终节点 u 具有四元组属性（f^u, var, low, high），其中，f^u 表示节点 u 所对应的伪布尔函数；var 表示节点 u 的标记变量；low 表示节点 u 的 var = 0 时，节点 u 的 0-分支子节点，节点 u 和它的 0-分支子节点的连接弧为 0-边；high 表示节点 u 的 var = 1 时，节点 u 的 1-分支节点，节点 u 和它的 1-分支节点的连接弧为 1-边。

（5）图中的每一个节点 u 对应唯一一个函数 f^u。

（6）在 ADD 的有向路径上，每个变量至少出现一次。

在给定变量序 π：$x_1 < x_2 < \cdots < x_n$ 下，在每条有向路径上都必须以该变量次序出现，也就是说若 x_i 在 x_j 前，则不存在一条路径，使得 x_j 排在 x_i 前。

在图形表示中，一般用圆圈表示非终结点，用方框表示终节点。通常，假设边的方向向下，0-边用虚线表示，1-用实线表示。

定义 6-3 每个 ADD 上的节点 u 表示了一个伪布尔函数 f^u：$\{0, 1\}^n \to S$，满足：

（1）若 u 是终结点，则 f^u 便是常函数 $s(u)$。

（2）若 u 是内节点，则

$$f^u = u.\mathrm{var} \cdot f^{u.\mathrm{high}} + (u.\mathrm{var})' \cdot f^{u.\mathrm{low}} = u.\mathrm{var} \cdot f^u_{|\,u.\mathrm{var}=1} + (u.\mathrm{var})' \cdot f^u_{|\,u.\mathrm{var}=0}$$

式中，" $\cdot$ "表示逻辑乘，" $+$ "表示逻辑加，$f^u_{|\,u.\mathrm{var}=1}$ 和 $f^u_{|\,u.\mathrm{var}=0}$ 分别表示伪布尔函数 f^u 中变量 $u.\mathrm{var}$ 取值 1 和 0 后所得到的伪布尔函数，即节点 u 的子节点 $u.\mathrm{high}$ 和 $u.\mathrm{low}$ 所对应的伪布尔函数。

由此可见，对于变量的一组赋值，所得到的函数值由根节点到一个终结点的一条路径决定。这条路径所对应的分支由变量的这组赋值来决定，该分支的终结点所标识的值就是变量在这组赋值下所对应的函数值。不同的变量序的选择对于 ADD 的规模有着极大的影响，因此在给出伪布尔函数的 ADD 时，必须说明变量的顺序。例如，伪布尔函数 $f = x_1 x_2 + 2x_3 x_4$ 在变量序 π：$x_1 < x_2 < x_3 < x_4$ 下的 ADD 表示，如图 6-1 所示。

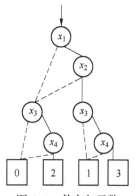

图 6-1 伪布尔函数
$f = x_1 x_2 + 2x_3 x_4$

ADD 可以用于带权有向图的表示。例如，如图 6-2（a）所示的带权有向图的邻近矩阵 M_G，如图 6-2（b）所示邻近矩阵 M_G 的 ADD 表示可由下列方法实现：将邻近矩阵 M_G 用伪布尔函数 $f(x_0, x_1, y_0, y_1)$ 进行表示。因为图 6-2（a）中有四个顶点，故利用布尔变量对顶点进行编码时，需要两个布尔变量。而对于有向边，则需要两组布尔变量来分别表示有向边的起点和终点。设有向边的起点用 $x = x_0 x_1$ 表示，终点用 $y = y_0 y_1$ 表示，其中 x_0，x_1，y_0，$y_1 \in \{0, 1\}$。若顶点 A 到顶点 B 有一条有向边，且边上的权值为 m，设顶点 A 的编码为 $x'_0 x'_1$（表示 x_0 和 x_1 均取值为 0），顶点 B 的编码为 $y_0 y'_1$（表示 y_0 取值为 1，y_1 取值为 0），则 $f(x'_0, x'_1, y_0, y'_1) = m$。基于上述方法，便可得到邻接矩阵的伪布尔函数 f 的表示。给定函数 f 的变量序，便可得到函数 f 的 ADD 表示，如图 6-2（c）所示。

ADD 可以看作是对小项的隐式列举，所以 ADD 可以用小项的系数矩阵来表

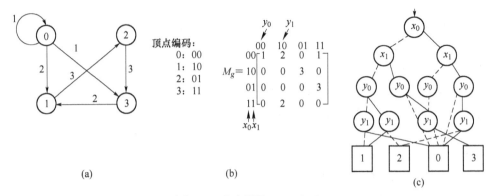

图 6-2 有向图的 ADD 表示

示，小项系数矩阵和 ADD 具有一一对应关系。在 ADD 操作，例如简化过程中，具有相同系数的小项被组合在一起，共享 ADD 的某些根节点。

例如，当 $n=2$ 时，函数 $f(x_1, x_2)$ 的小项系数矩阵为

$$\begin{bmatrix} f(0, 0) & f(0, 1) \\ f(1, 0) & f(1, 1) \end{bmatrix}$$

为了使在某一变量序下伪布尔函数的 ADD 表示具有唯一性，则需要使用删除和合并规则来简化 ADD。如果不特别指明，所提到的 ADD 均为简化的 ADD。

6.2 ADD 基本操作

伪布尔函数具有布尔运算和算术运算，相应的，作为伪布尔函数的有效表示结构 ADD 也具有此两类操作：布尔操作和算术操作。除此之外，本节还将介绍 ADD 的另一种基本操作：提取操作（abstraction operation）。

6.2.1 布尔操作

定义在集合 S 上的 ADD 的布尔操作，要求对 S 中元素的逻辑运算进行明确的规定，如此运算表的形式进行规定。下面介绍一种最基本的布尔 ITE（if-then-else）操作。

定义 6-4 若已知具有相同变量序 π：$x_1 < x_2 < \cdots < x_n$ 的 ADD f、g 和 h，且 f 为只具有 0 和 1 终结点的 ADD，则 ITE$(f, g, h) = f \cdot g + f' \cdot h$。

由定义 6-4 可见，ITE 为一个三元伪布尔函数操作，它是伪布尔函数操作。下面讨论 ITE(f, g, h) 操作的本质。如果用 D^f、D^g、D^h 和 D^I 分别表示 f、g、h 和 ITE(f, g, h) 的小项系数的集合，则

$$D^f = \{d_1^f, \cdots, d_q^f\} = \{f(0, 0, \cdots, 0), f(0, 0, \cdots, 1), \cdots, f(1, 1, \cdots, 1)\}$$

$$(6-1)$$

$$D^g = \{d_1^g, \cdots, d_q^g\} = \{g(0, 0, \cdots, 0), g(0, 0, \cdots, 1), \cdots, g(1, 1, \cdots, 1)\}$$
$$(6-2)$$
$$D^h = \{d_1^h, \cdots, d_q^h\} = \{h(0, 0, \cdots, 0), h(0, 0, \cdots, 1), \cdots, h(1, 1, \cdots, 1)\}$$
$$(6-3)$$

其中，$f(0, 0, \cdots, 0)$，$f(0, 0, \cdots, 1)$，$\cdots$，$f(1, 1, \cdots, 1) \in \{0, 1\}$，$g(0, 0, \cdots, 1)$，$\cdots$，$g(1, 1, \cdots, 1) \in S$，$h(0, 0, \cdots, 0)$，$h(0, 0, \cdots, 1)$，$\cdots$，$h(1, 1, \cdots, 1) \in S$，$q = 2^n$，故有

$$D^I = \{\mathrm{ite}(d_1^f, d_1^g, d_1^h), \mathrm{ite}(d_2^f, d_2^g, d_2^h), \cdots, \mathrm{ite}(d_q^f, d_q^g, d_q^h)\}$$

由定义 6-4 知，当 $d_i^f = 1$ 时，$\mathrm{ite}(d_i^f, d_i^g, d_i^h) = d_i^g$；当 $d_i^f = 0$ 时，$\mathrm{ite}(d_i^f, d_i^g, d_i^h) = d_i^h$。

根据上面的讨论可以得到 ITE(f, g, h) 的实现算法，如算法 6-1 所示。为了降低算法的时间复杂度并在计算过程中得到简化的 ADD，在算法中引入两张表：计算表（computed table）和唯一表（unique table）。在进行递归调用之前首先检查该调用是否为重复计算，如果是则立刻返回计算表中保存的计算结果。为了得到简化的 ADD，算法对于新生成的节点首先判断其是否适用于删除规则，如果满足则直接给出结果，否则检查该节点是否为重复节点，即检查合并规则的适用性。如果该节点在唯一表中不存在，则生成一个新的节点，将其插入唯一表，并在计算表中记录该节点。

算法 6-1 ITE 算法

输入：表示具有相同变量序 π 的伪布尔函数 f、g 和 h 的 ADD，且根节点分别为 v_1、v_2 和 v_3。

输出：$\mathrm{ite}(f, g, h)$ 在变量序 π 下的 ADD。

```
vertex * ite (vertex * v1, vertex * v2, vertex * v3) {
//初始时，计算表和唯一表的所有表项均为 NULL
int index;
double value;
vertex * u, * vlow1, * vlow2, * vlow3, * vhigh1, * vhigh2, * vhigh3, * low, * high;
if (v1 = =one) return v2;
if (v1 = =zero) return v3;
if (v2 = =v3) return v2;
if ((v2 = =one) && (v3 = =zero)) return v1;
if (计算表中存在表项<v1, v2, v3, u>exists) return (u);
if (! (u= (vertex *) malloc (sizeof (vertex)))) exit (OVERFLOW);
index=min (v1->index, v2->index, v3->index);
if (v1->index= =index) {vlow1=v1->type. kids. low; vhigh1=v1->type. kids. high;}
else {vlow1=v1; vhigh1=v1;}
```

```
if (v2->index = = index) {vlow2=v2->type. kids. low; vhigh2=v2->type. kids. high;}
else {vlow2=v2; vhigh2=v2;}
if (v3->index = = index) {vlow3=v3->type. kids. low; vhigh3=v3->type. kids. high;}
else {vlow3=v3; vhigh3=v3;}
low=ite (vlow1, vlow2, vlow3);
high=ite (vhigh1, vhigh2, vhigh3);
if (low= = high) return (low); //S-删除规则
if (在唯一表中存在表项<index, low, high, u>) return (u);
else {//合并规则不适用
if (! (u= (vertex *) malloc (sizeof (vertex)))) exit (OVERFLOW);
u->index=index; u->type. kids. low=low; u->type. kids. high=high;
在唯一表中插入表项<index, low, high, u>;
}
在计算表中插入表项<v1, v2, v3, u>;
return (u);
}
```

下边举例说明如何应用算法 6-1 来构造一个 ADD。

【例 6-1】 已知如下伪布尔函数 f、g 和 h 对应的系数矩阵 M_f、M_g 和 M_h，试构造一个用于表示函数 $I=f \cdot g+f' \cdot h$ 的 ADD。

解 设系数矩阵 M_f、M_g 和 M_h 的行和列分别由布尔变量 x_0、x_1 和 y_0、y_1 表示，即第 0 行、第 1 行、第 2 行、第 3 行分别由 $x_0'x_1'$、x_0x_1'、$x_0'x_1$、x_0x_1 标识；第 0 列、第 1 列、第 2 列、第 3 列分别由 $y_0'y_1'$、y_0y_1'、$y_0'y_1$、y_0y_1 标识；设变量序为 $x_0<x_1<y_0<y_1$，则伪布尔函数 f、g 和 h 的 ADD 分别如图 6-3(a)、图 6-3(b)、图 6-3(c) 所示。由定义 6-4，构造一个用于表示函数 $I=f \cdot g+f' \cdot h$ 的 ADD 可由 ITE(f, g, h) 来实现。由算法 6-1 计算 ITE(f, g, h) 可以得到如图 6-3(d) 所示的 ADD。

$$M_f = \begin{bmatrix} 1 & 0 & 0 & 0 \\ 1 & 1 & 0 & 0 \\ 1 & 1 & 1 & 0 \\ 1 & 1 & 1 & 1 \end{bmatrix} \qquad M_g = \begin{bmatrix} 3 & 3 & 3 & 3 \\ 3 & 3 & 3 & 3 \\ 5 & 5 & 5 & 5 \\ 5 & 5 & 5 & 5 \end{bmatrix}$$

$$M_h = \begin{bmatrix} 1 & 1 & 4 & 4 \\ 1 & 1 & 4 & 4 \\ 0 & 0 & 2 & 2 \\ 0 & 0 & 2 & 2 \end{bmatrix} \qquad M_I = \begin{bmatrix} 3 & 1 & 4 & 4 \\ 3 & 3 & 4 & 4 \\ 5 & 5 & 5 & 2 \\ 5 & 5 & 5 & 5 \end{bmatrix}$$

对于例 6-1，已知伪布尔函数 f、g 和 h 对应的系数矩阵 M_f、M_g 和 M_h，则可得函数 I 对应的系数矩阵 M_I 如上所示。可见此系数矩阵所对应的 ADD 正是图 6-3(d) 所示的 ADD。

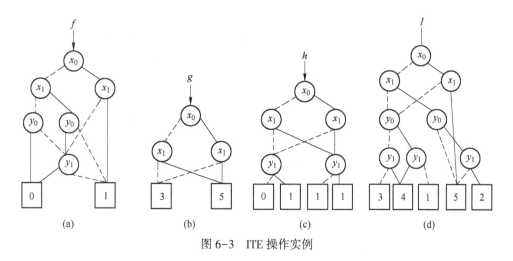

图 6-3 ITE 操作实例

6.2.2 算术操作

算术操作是 ADD 上的另一类重要操作，在本小节我们仅讨论算术操作中的二元操作。Apply( ) 操作是一种常用的二元操作，利用该操作可实现许多矩阵运算。

定义 6-5 若已知表示具有相同变量序 π：$x_0 < x_1 < \cdots < x_n$ 的伪布尔函数 ϕ 和 φ 的 ADD f 和 g 及二元运算符 op，则 Apply$(f, g, \text{op}) = f$ op g。

由定义 6-5 知，利用 Apply( ) 操作可以很方便地实现"+""−""*""/""min"和"max"等算术操作，ADD 中的 Apply( ) 操作是伪布尔函数操作。

下面讨论 Apply(f, g, op) 操作的本质。如果用 D^f、D^g 和 D^A 分别表示 f、g 和 Apply(f, g, op) 的小项系数的集合，则

$$D^f = \{d_1^f, \cdots, d_g^f\} = \{f(0, 0, \cdots, 0), f(0, 0, \cdots, 1), \cdots, f(1, 1, \cdots, 1)\}$$
$$D^g = \{d_1^g, \cdots, d_q^g\} = \{g(0, 0, \cdots, 0), g(0, 0, \cdots, 1), \cdots, g(1, 1, \cdots, 1)\}$$

其中，$f(0, 0, \cdots, 0)$、$f(0, 0, \cdots, 1)$、$\cdots$、$f(1, 1, \cdots, 1) \in S$，$g(0, 0, \cdots, 0)$、$g(0, 0, \cdots, 1)$、$\cdots$、$g(1, 1, \cdots, 1) \in S$，$q = 2^n$，故有

$$D^A = \{d_1^f \text{ op } d_1^g, \cdots, d_q^f \text{ op } d_q^g\}$$

假如 ADD f 和 g 中的最前排序变量为 v，则 Apply(f, g, op) 也可由以下 ITE( ) 操作来实现：

$$\text{Apply}(f, g, \text{op}) = \text{ITE}(v, \text{Apply}(f_v, g_v, \text{op}), \text{Apply}(f_v', g_v', \text{op}))$$

基于上述讨论，算法 6-2 给出了 Apply(f, g, op) 的实现算法。和 ITE( ) 操作的实现算法类似，为了降低算法的时间复杂度并在计算过程中得到简化的 ADD，在算法中引入了两张表：计算表（computed table）和唯一表（unique table）。算法首先调用函数 Terminal_Case( ) 检查程序是否满足以下终结条

件：（1）参数 f 和 g 都为 ADD 的终节点。（2）参数 f 和 g 之一是操作 op 的单位元或者零元。如果满足条件（1），则直接返回结果 f op g；如果满足条件（2），则按照单位元和零元的定义，例如，若 f 是单位元，则 f op g 的结果为 g，若 f 是零元，则 f op g 的结果为 f。

随后，算法检查计算表中是否保存有当前计算的结果，如有则直接返回结果，否则递归调用 Apply（ ）生成当前待生成节点 v 的左、右子节点。接下来，在生成节点 v 之前，为了得到简化的 ADD，算法首先判断节点 v 是否已存在于唯一表中，若有，则直接返回该节点，否则生成新的节点，并将其插入唯一表中，并在计算表中记录该节点，之后返回新生成的节点 v。

算法 6-2 Apply 操作

输入：表示具有相同变量序 π 的伪布尔函数 f_1 和 f_2 的 ADD 的根节点分别为 v_1、v_2 及二元运算符 <op>。

输出：f_1 op f_2 在变量序 π 下的 ADD。

```
vertex * Apply (vertex * v1, vertex * v2, operator op) {
//初始时，计算表和唯一表的所有表项均为 NULL
    int index;
    vertex * u, * vlow1, * vlow2, * vhigh1, * vhigh2, * low, * high;
    if (Terminal_ Case (f, g, op)) return (f op g);
    if (计算表中存在表项<v1, v2, u>) return (u);
    index = min (v1->index, v2->index);
    if (v1->index = = index) { vlow1 = v1->type. kids. low; vhigh1 = v1->type. kids. high; }
    else { vlow1 = v1; vhigh1 = v1; }
    if (v2->index = = index) { vlow2 = v2->type. kids. low; vhigh2 = v2->type. kids. high; }
    else { vlow2 = v2; vhigh2 = v2; }
low = Apply (vlow1, vlow2, op);
high = Apply (vhigh1, vhigh2, op);
if (low = = high) return (low); //S-删除规则
if (唯一表中存在表项 (index, low, high, u)) return (u);
else {    //合并规则不适用
    if (! (u = (vertex *) malloc (sizeof (vertex)))) exit (OVERFLOW);
    u->index = index; u->type. kids. low = low; u->type. kids. high = high;
    在唯一表中插入表项<index, low, high, u>;
}
在计算表中插入表项<v1, v2, u>;
Return (u);
}
```

【**例 6-2**】 已知伪布尔函数 f 和 g 对应的系数矩阵 M_f 和 M_g，分别如下所示：

$$M_f = \begin{bmatrix} 0 & 0 & 1 & 1 \\ 0 & 0 & 1 & 1 \\ 1 & 1 & 0 & 0 \\ 1 & 1 & 0 & 0 \end{bmatrix} \quad M_g = \begin{bmatrix} 3 & 3 & 3 & 3 \\ 3 & 3 & 3 & 3 \\ 2 & 2 & 2 & 2 \\ 2 & 2 & 2 & 2 \end{bmatrix} \quad M_A = \begin{bmatrix} 3 & 3 & 4 & 4 \\ 3 & 3 & 4 & 4 \\ 3 & 3 & 2 & 2 \\ 3 & 3 & 2 & 2 \end{bmatrix}$$

试构造一个用于表示函数 $A=f+g$ 的 ADD。

解 设系数矩阵 M_f 和 M_g 的行和列分别由布尔函数 x_0、x_1 和 y_0、y_1 表示，即第 0 行、第 1 行、第 2 行、第 3 行分别由 $x'_0 x'_1$、$x_0 x'_1$、$x'_0 x_1$、$x_0 x_1$ 标识；第 0 列、第 1 列、第 2 列、第 3 列分别由 $y'_0 y'_1$、$y_0 y'_1$、$y'_0 y_1$、$y_0 y_1$ 标识。设变量序为 $x_0 < x_1 < y_0 < y_1$，则伪布尔函数 f、g 的 ADD 分别如图 6-4(a)、（b）所示。由定义 6-2，构造一个用于表示函数 $A=f+g$ 的 ADD 可由 Apply(f, g, +) 来实现。由算法 6-2 计算 Apply(f, g, +) 可以得到如图 6-4(c) 所示的 ADD。

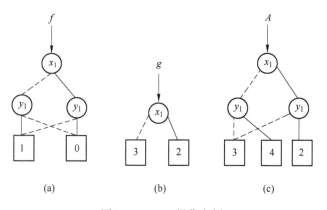

图 6-4 Apply 操作实例

对于例 6-2，已知伪布尔函数 f 和 g 对应的系数矩阵 M_f 和 M_g，可得函数 A 对应的系数矩阵 M_A 如上所示。此系数矩阵所对应的 ADD 是图 6-4（c）所示的 ADD。

6.2.3 提取操作

对于 ADD 的另一种基本操作：提取操作（abstraction opeartionas）。通过对函数变量的提取可减少函数维数。例如，当函数表示的是一个 $N \cdot N(N = 2^p)$ 的矩阵时，设矩阵行和列分别由布尔变量 x_0，x_1，…，x_p 和 y_0，y_1，…，y_p 表示，则通过对矩阵提取行变量 x_0，x_1，…，x_p，便可得到行变量，即 $1 \times N$ 的矩阵，从而减少原矩阵的维数。

定义 6-6 设 U 是函数 f 所依赖变量集，令 $\{X, Y\}$ 是 U 的一个划分，从

函数 $f(U)$ 中提取出变量集 X 后所得到的函数记为 $f_X(Y)$，设 y 为 $f_X(Y)$ 中的任一小项，$D^y = \{d_1, d_2, \cdots, d_q\}$（$q = 2^n$，$n = 1, 2, 3, \cdots$）为函数 $f(X, Y)$ 的所有小项 X_y 的系数集，则小项 y 的系数即对 D^y 中的元素从右到左进行 op 操作得到的值。对于小项 y，函数 f 对变量集 X 关于操作符 op 的提取操作，记作 $f_X^{op}(Y)$ 或 $\backslash \, _X^{op} f(U)$，有

$$f_X^{op}(Y) = \backslash \, _X^{op} f(U) = (d_1 \, op(d_2 \, op(\cdots(d_{q-1} \, op \, d_q)\cdots))))$$

由定义 6-6 可知，计算函数 $f_X^{op}(Y)$ 的小项 y 的系数与 D^y 中参与 op 运算的元素顺序有关，即运算 op 具有右结合性。如果定义在 D^y 上的运算 op 满足结合律，则可以不考虑参加运算的各元素的顺序。在代数系统中，独异点就是一种满足结合律的代数系统，除此之外，独异点还具有运算封闭性和单元性，这就方便了提取操作的实现。下面给出独异点的概念。

定义 6-7 代数系统 (S, op) 是独异点，当且仅当满足以下特性：

(1) 封闭性，即对于 $\forall a, b \in S$，$a \, op \, b \in S$。

(2) 结合性，即对于 $\forall a, b, c \in S$，$a \, op(b \, op \, c) = (a \, op \, b) op \, c$。

(3) I 是操作符 op 的单位元，即 $\forall a \in S$，$a \, op \, I = I \, op \, a = a$。

在 ADD 中，我们希望提取操作总能返回正确的结果而无需考虑以下因素：ADD 的变量序；对 ADD 进行递归扩展时，所选择的扩展变量的顺序。为此把 ADD 的提取运算限定在独异点中，即满足上述条件的运算符 op 包括"+""×""min""max""∧"和"∨"等。

在矩阵的 ADD 表示中，当矩阵的行数和列数不是 2 的幂次时，就需要对该矩阵的行和列进行扩展，所扩展的行和列我们称之为虚拟（dummy）行和虚拟（dummy）列。而用什么样的数值填充到虚拟行和虚拟列中呢？在独异点中，单位元将是一个最佳的填充值。下面在本书所讨论的矩阵中，假设矩阵的行和列均为 2 的幂次。

假设函数 $f = A(X, Y)$ 表示某个 $n \times m$ 矩阵 M，其中 $X = \{x_0, x_1, \cdots, x_p\}$（$p = \log_2 n$）是行变量编码，$Y = \{y_0, y_1, \cdots, y_q\}$（$q = \log_2 m$）是列变量编码。$\backslash \, _X^+ A(X, Y)$ 表示对同一列元素求和，其结果是一个 $1 \times m$ 矩阵；$\backslash \, _X^\times A(X, Y)$ 表示对同一列元素求积，其结果是一个 $1 \times m$ 矩阵；$\backslash \, _Y^{min} A(X, Y)$ 表示求每一行元素的最小值，其结果是一个 $n \times 1$ 的矩阵。

【例 6-3】 已知矩阵 $A(X, Y) = \begin{bmatrix} 1 & 5 & 0 & 2 \\ 2 & 6 & 0 & 2 \\ 3 & 7 & 1 & 2 \\ 4 & 8 & 2 & 2 \end{bmatrix}$，求 $\backslash \, _X^+ A(X, Y)$ 和 $\backslash \, _Y^{min} A(X, Y)$。

解 由定义 6-7 知，$\backslash\ _{X}^{+}A(X,\ Y)=\begin{bmatrix}10 & 26 & 3 & 8\end{bmatrix}$

$$\backslash\ _{Y}^{\min}A(X,\ Y)=\begin{bmatrix}0 & 0 & 1 & 2\end{bmatrix}^{\mathrm{T}}$$

【例 6-4】 对于例 6-3 矩阵 $A(X,\ Y)$，设矩阵 $A(X,\ Y)$ 的行和列分别由布尔变量 x_0、x_1 和 y_0、y_1 表示，即第 0 行、第 1 行、第 2 行、第 3 行分别由 $x_0'x_1'$、x_0x_1'、$x_0'x_1$、x_0x_1 标识；第 0 列、第 1 列、第 2 列、第 3 列分别由 $y_0'y_1'$、y_0y_1'、$y_0'y_1$、y_0y_1 标识。设变量序为 $x_0<x_1<y_0<y_1$，求 $\backslash\ _{|x_0,\ y_0|}^{+}A(X,\ Y)$ 和 $\backslash\ _{|x_0,\ x_1,\ y_0|}^{\min}A(X,\ Y)$ 的 ADD 表示。

解 由定义 6-7 知

$$\backslash\ _{|x_0,\ y_0|}^{+}A(X,\ Y)=\backslash\ _{|y_0|}^{+}B(X,\ Y)=\begin{bmatrix}14 & 4 \\ 22 & 7\end{bmatrix}$$

$$\backslash\ _{|x_0,\ x_1,\ y_0|}^{\min}A(X,\ Y)=\backslash\ _{|y_0|}^{\min}C(X,\ Y)=\begin{bmatrix}1 & 0\end{bmatrix}$$

其中，$B(X,\ Y)=\begin{bmatrix}3 & 11 & 0 & 4 \\ 7 & 15 & 3 & 4\end{bmatrix}$，$C(X,\ Y)=\begin{bmatrix}1 & 5 & 0 & 2\end{bmatrix}$。由此可得 $\backslash\ _{|x_0,\ y_0|}^{+}A(X,\ Y)$ 和 $\backslash\ _{|x_0,\ x_1,\ y_0|}^{\min}A(X,\ Y)$ 的 ADD 表示分别为图 6-5(a) 和图 6-5 (b)。

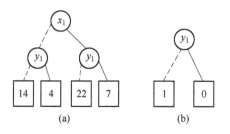

图 6-5 提取操作

通过实例，我们对提取操作做了简单介绍。下面讨论提取操作的 ADD 实现。算法 6-3 给出了提取操作算法（abstract）。为了算法的有效实现，认为函数 f 的提取变量集 X 为正文字集，或称是一个 Cube。整个算法是以递归的方式实现的。当提取变量集为空时，则表示对函数 f 已完成变量的提取操作，故此时算法结束，并直接返回 f；否则，则根据 f 和 X 的最高变量 top _f 和 top _x 之间的比较关系进行以下操作：

（1）如果 top _x<top _f，说明函数 f 不依赖于 top _x，即有 $f_{\text{top}\_x}=f$；而 X 中除 top _x 之外的剩余变量集 X_{top _x} 仍需要从 f 中提取出来，即此时算法将递归调用 Abstract( )。值得提出的是，因 X 为正文字集，故 X 的剩余变量集可由标识变量为 top _x 的节点的右孩子来表示。

（2）如果 top _x=top _f，则 f 依赖于 top _x，这时对 f 的左、右分支分别进行剩余变量集 X_{top _x} 的提取操作，即递归调用 Abstract( )，分别得到结果

r_2 和 r_1, 从而得到 f 关于 X 的提取操作结果为 r_1 op r_2, 即 Apply(r_1, r_2, op)。

(3) 如果 top_x > top_f, 此时类似于情况 (2), 只是这里的剩余变量集仍是 X。

为了降低算法的时间复杂度并在计算过程中得到简化的 ADD, 在算法中也引入了两张表: 计算表和唯一表。这两张表的作用和算法 6-1、算法 6-2 中介绍的类似, 本书不再对此另作讨论。

算法 6-3 提取算法 Abstract( ) 的实现

输入: 表示具有相同变量序 π 的伪布尔函数 $f(U)$ 和提取变量集 $\{X\}$ 的 ADD, 及二元运算符 op。其中表示函数 $f(U)$ 和变量集 $\{X\}$ 的根节点分别为 f 和 x。

输出: $\backslash_x^{op} f(U)$ 在变量序 π 下的 ADD。

```
vertex * Abstract (vertex * f, vertex * x, operator op) {
        //初始时, 计算表和唯一表的所有表项均为 NULL
        int top_ f, top_ x;
        vertex * low, * high, * R, * r1, * r2;
        if (x 为终结点) return (f);  //提取变量集为空
        top_ f=f->index;
        top_ x=x->index;
        if (top_ x<top_ f) {
        High=Abstract (f, x->type. kids. high, op);
        R=Apply (high, high, op);
        Return R;
    }
    if (计算表中存在表项<f, x, op, R>) return (R);
    high=f->type. kids. high;
    low=f->type. kids. low;
    if (top_ x==top_ f) {
        r1=Abstract (high, x-> type. kids. high, op);
        r2=Abstract (low, x-> type. kids. high, op);
        R=Apply (r1, r2, op);
    }
    else {  // top_ x>top_ f
        r1= Abstract (high, x, op);
        r2= Abstract (high, x, op);
        if (唯一表中不存在表项< top_ f , r2, r1, R>)  { //合并规则不适用
            if (! (R= (vertex *) malloc (sizeof (vertex)))) exit (OVERFLOW);
            R->index= top_ f; R-> type. kids. low=r2; u-> type. kids. high=r1;
```

在唯一表中插入表项< top_ f , r2, r1, R >;
    }
  }
在计算表中插入表项<f, x, op, R>;
return（R）；
}

7 贝叶斯网络简介

贝叶斯网络是为了处理人工智能研究中的不确定性（uncertainty）问题而发展起来的。贝叶斯网络是将概率统计应用于复杂领域进行不确定性推理和数据分析的工具，也是一种系统地描述随机变量之间关系的工具。建立贝叶斯网络的目的主要是进行概率推理（probabilistic inference），用概率论处理不确定性的主要优点是保证推理结果的正确性。

7.1 贝叶斯网络介绍

贝叶斯网络（Bayesian Networks，BN）也称为信念网（Belief Networks）概率网（Probability Networks）、因果概率网 Causal Probility Networks Causal Diagram）和因果图（Causal Diagram）等。贝叶斯网络是表示变量间概率依赖关系的有向无换图，这里每个节点表示领域变量，每条边表示变量间的概率依赖关系，同时对每个节点都对应着一个条件概率分布表（CPT），指明了该变量与父节点之间概率依赖的数量关系。

贝叶斯网络作为一种图模型，具有图模型的大多数性质。

图模型是概率论和图论的结合，可以用来处理贯穿于应用数学和工程中的不确定和复杂性问题，模块化的概念对图模型来说是很重要的，一个复杂系统是由多个简单部分组成。概率论提供了各个部分联合起来的黏合剂，保证系统作为整体的一致性，并提供模型到数据的接口。图形模型的图论部分则提供了一个可以应用于知觉的界面，通过它人们可以将高交互性的变量集和数据机构模型化，还可以设计出有效的算法。

图模型中的节点表示随机变量，节点间的弧表示条件依赖关系。两节点之间若没有弧，则表示该两节点条件独立。图模型分为无向和有向两种。无向图模型也称为马尔科夫随机域，它有一个简单的独立性定义：若节点 A 和 B 在给定 C 下是条件独立的，则 A 和 B 相互独立，贝叶斯网络由于考虑了弧的方向性，故其独立性定义比较复杂。贝叶斯网络可用如下定义进行描述。

定义 7-1 贝叶斯网络是一个二元组 $B = (S, P)$，其中，S 为贝叶斯网的结构，是一个有向无环图，图中的每一个节点唯一地对应一个随机变量，节点的状态对应随机变量的值，有向边表示节点（变量）之间的条件（因果）依赖关系；

P 为贝叶斯网的条件概率集合 $P = p(X_i \mid \pi_{x_i})$ ，每个节点 X_i 都有一个条件概率表，用来表示 X_i 对于其父节点集 π_{x_i} 的条件概率 $p(X_i \mid \pi_{x_i})$ 。

对于一个有 n 个节点的贝叶斯网，可以定义一个联合概率函数：

$$p(X_1, X_2, \cdots, X_n) = \prod_{i=1}^{n} p(X_i \mid \pi_{x_i})$$

从定义中可以看出贝叶斯网具有如下性质：

（1）每个节点对应一个变量。

（2）节点之间通过有向边进行连接，由节点 X 指向 Y 的有向边表示 X 对 Y 具有直接影响关系。

（3）每个节点都具有相应的条件概率表，表示其父节点对它的具体概率影响关系，其中节点 X 的父节点是指所有通过有向边直接指向它的节点。若 X 为根节点，则其条件概率表为其自身的先验概率。

（4）贝叶斯网络的结构是有向图，其中不包括有向环。

贝叶斯网络最典型的实例是下雨或洒水而路湿的例子。已知有两种情况可能导致地面潮湿，下雨和洒水。如果地面潮湿而且天气晴朗，则表明是洒水的结果。如图 7-1 所示，它包含四个二值节点：X_1（天气为阴天）、X_2（刚洒过水）、X_3（刚下过雨）与 X_4（草地湿），它们的取值均为：T 或 F。根据条件独立性，该模型的联合概率分布可表示为：

$$p(X) = p(X_1)p(X_2 \mid X_1)p(X_3 \mid X_1)p(X_4 \mid X_2, X_3)$$

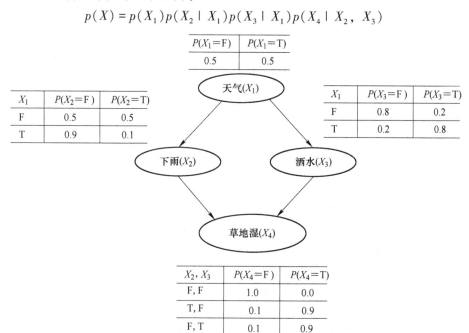

图 7-1 关于草地湿的贝叶斯网络

7.2 贝叶斯网推理

当采用贝叶斯网模型解决实际问题时，首先要构造符合问题的贝叶斯网，然后通过该贝叶斯网进行问题的求解，这种应用 BN 进行问题求解的过程称为贝叶斯网推理。贝叶斯网推理是概率分布的计算过程，即"寻求给定条件下事件发生的概率"，也称为信念更新，这里的信念指的是后验概率。简单地说，在给定模型中计算目标变量的后验概率就是贝叶斯网推理。

在推理中处理的是概率，而非空间状态，因此推理是否合理反映了所使用的贝叶斯网数据结构是否符合。贝叶斯网的推理就是在给定一组证据变量值的情况下，计算一个或一组查询变量的概率分布。

贝叶斯网的推理是在不完全信息条件下决策支持和因果发现的工具，它以概率分布为基础，并认为所有变量的取值受概率分布的控制。人们结合观察到的数据，对这些概率进行推算便可以做出正确的决策。

由 BN 的定义可以看出，BN 理论是采用概率理论在网络节点上进行计算的（即概率推理），可以由已知的一些节点的概率推理出另外一些节点的概率。在推理中，感兴趣的不是概率表中的输入概率，而是从给定初始条件概率得到各个节点的概率，即所谓的概率传播。沿着有向线按照条件概率传播。如下的例子显示了一个简单的 BN，描述一个人由于醉酒或脑瘤导致头痛的网络图，如图 7-2 所示。

关系的网络结构由与每个变量相联系的概率分布组成。在此将每个节点及其所代表的变量用 X 表示，用 Pa 表示某个节点 X 的父节点集（即对 X 施加影响作用的那些节点，是用有向弧表示施加影响及其方向的）。

这样，对所有变量集的联合概率分布可表示为：

$$P(X) = \prod_{i=1}^{n} P(X_i \mid Pa_i)$$

如果已知 BN 结构 S，并且已经获得了一定量的所有节点的观测数据，通过概率计算，可以得到每个节点的条件概率分布值，也能得到所有节点的联合概率分布。当新的观测中，某个节点的值未观测到或无法得到时，就可以在结构 S 中由分布计算得出此节点的条件概率值。例如：已知宴会 A 的初始条件概率，求醉酒的概率：

$$P(B = 真) = P(B \mid A = 真) \times P(A = 真) + P(B \mid A = 假) \times P(A = 假)$$
$$= 0.7 \times 0.2 + 0 \times 0.8 = 0.14$$

同理可计算出其他节点的概率，最终得到各个节点具有联合概率的传播网，如图 7-2(b) 所示。

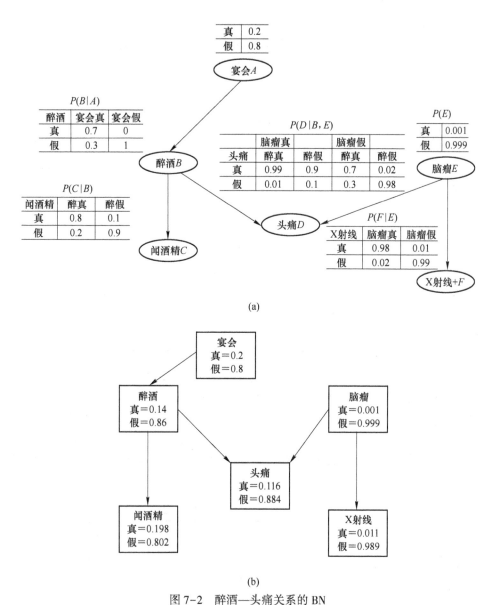

(a)

(b)

图 7-2 醉酒—头痛关系的 BN

（a）醉酒—头痛网络结构及条件概率表；（b）每个节点具有联合概率的传播网

7.3 贝叶斯网中的独立关系

贝叶斯网是联合概率分布的简化表示形式，可用于计算变量空间的任意概率值。当变量数目很大时，运用联合概率分布公式进行计算通常是不可行的。利用贝叶斯网的独立因果影响关系可以解决这个难题。贝叶斯网中的条件独立、上下文独立及因果影响独立这三种独立关系可把联合概率分布分解成更小的因式。从而达到节省存储空间、简化知识获取和领域建模过程、降低推理过程中计算复杂性的目的。因此可以说，独立关系是贝叶斯网的灵魂。

7.3.1　条件独立关系

贝叶斯网的图形结构表达出变量间的条件独立关系，其中每个节点在已知其父节点取值的条件下独立于所有非子孙节点。利用条件独立关系，贝叶斯网把联合概率分布分解成若干个条件概率的乘积。由于每个条件概率涉及的变量数目很少，故可大大简化联合概率分布的计算。

7.3.2　上下文独立关系

贝叶斯网的任一节点 X 都带有一张条件概率表，在其父节点集合 π_X 的每种取值情况下给出其每一种取值的概率。$P(X \mid \pi_X)$ 条件概率表中的条件概率数目与父节点数目成指数关系，并且无法捕捉条件概率分布的某些规律。例如，在表7-1中，在 $U = T$ 时，不需要考虑 V，W 的取值，这时最多只需要 5 个条件概率值，而不是 8 个。

在表7-1中，$U = F$ 时，X 与 V，W 相关；$U = T$ 时，X 与 V，W 独立，这是另外一种独立关系——上下文独立关系，它是某些变量取特定值之后，其余变量之间存在的独立关系，图7-3给出了一个上下文独立的例子。贝叶斯网的结构可以表达出条件独立关系，但对上下文独立关系无能为力。不过，通过条件概率的其他表示形式，如条件概率树等，也可以表示这种关系。实质上，条件独立关系可以看作是一种特殊的上下文独立关系，$I(X, Y \mid E)$ 表示一旦已知 E，无论其值是什么，X，Y 条件独立。

表7-1　　上下文独立的例子

U	V	W	$P(X)$
T	T	T	P_1
T	T	F	P_1
T	F	T	P_1
T	F	F	P_1
F	T	T	P_2
F	T	F	P_2
F	F	T	P_3
F	F	F	P_4

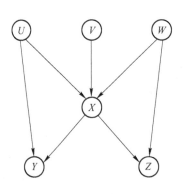

图7-3　上下文独立的例子

7.3.3 因果影响独立关系

贝叶斯网中的有向弧是一种因果关系，表示父节点对子节点的直接影响，子节点的取值，在最坏的情况下，需要给出的条件概率数目与父节点数目成指数关系。一些情况下，父节点之间相互合作，对子节点共同产生影响。更多情况下，各个父节点独自对子节点起作用，我们说父节点对子节点的影响是因果独立的。

定义 7-2 因果影响独立 节点 X 的各个父节点 π_{X_1}，$\cdots$，π_{X_m} 对于 X 是因果影响独立的，如果对应于 π_{X_1}，$\cdots$，π_{X_m} 存在和 X 有相同取值范围的随机变量 ε_1，$\cdots$，ε_m，并且下面两个条件成立：

（1）对于每个 i，ε_i 仅在概率上依赖于 π_{X_i}，在 π_{X_i} 条件下独立于所有其他的 π_{X_j} 及 ε_j（$j \neq i$），即：$I(\varepsilon_i | \pi_{X_1}, \cdots, \pi_{X_{i-1}}, \pi_{X_{i+1}}, \cdots, \pi_{X_m}, \varepsilon_1, \cdots, \varepsilon_{i-1}, \varepsilon_{i+1}, \varepsilon_m |)$。

（2）存在一个定义域是 X 的取值范围，且具有交换律和结合律的二元运算符 $*$，使得 $X = \varepsilon_1 * \varepsilon_2 * \cdots * \varepsilon_m$ 成立。$*$ 称作是 X 的基本结合运算符。

把 ε_i 称作是 π_{X_i} 对 X 的贡献。粗略地讲，有共同作用结果的多个原因是因果影响独立的，如果每个原因的各自贡献是独立的，所有原因对结果的影响是各自贡献的简单组合。因果影响独立大大降低每个节点所需的条件概率数目，从指数级降到线性级，当父节点很多时，降幅是十分巨大的。

7.3.4 独立关系的作用

独立关系在知识表示、推理、学习方面起到简化作用使得贝叶斯网的计算复杂性大大降低，实用性大大增强。

图 7-4 中变量都是二值变量，X_4、X_5、X_6 对于 X_7 的因果影响是相互独立的，即 $P(X_7 | X_4, X_5, X_6) = P(X_7 | X_4)P(X_7 | X_5)P(X_7 | X_6)$；$X_8$ 在 $X_3 =$ false 时和 X_7 上下文独立，即

$$P(X_8 | X_3 = \text{false}, X_7) = P(X_8 | X_3 = \text{false})$$

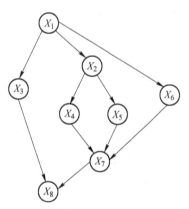

图 7-4 简单的贝叶斯网模型

独立关系在节省存储空间方面的作用是显而易见的。如图 7-4 所示，八个变量的联合概率分布以 $P(X_1, \cdots, X_8)$ 的形式存储，不加以任何简化，需要 $2^8 - 1 = 255$ 个概率值。利用独立关系粒化联合概率分布，首先运用条件独立和因果影响独立得到下式：

$$P(X_1, \cdots, X_8) = P(X_8 | X_3, X_7)P(X_7 | X_4, X_5, X_6)P(X_6 | X_1)P(X_5 | X_2)$$
$$P(X_4 | X_2)P(X_3 | X_1)P(X_2 | X_1)P(X_1)$$

$$= P(X_8 \mid X_3, X_7)P(X_7 \mid X_4)P(X_7 \mid X_5)$$
$$P(X_7 \mid X_6)P(X_6 \mid X_1)P(X_5 \mid X_2)$$
$$P(X_4 \mid X_2)P(X_3 \mid X_1)P(X_2 \mid X_1)P(X_1)$$

简化后的联合概率分布表示只需要 20 个概率值，存储空间节省 10 倍以上。随着变量数目的增多，存储空间的节约更加可观。

贝叶斯网推理是进行概率计算，是信念更新的过程。在贝叶斯网中，随着证据的出现，各个节点的后验概率分布随之发生变化，也可以说节点的信念发生变化。简而言之，贝叶斯网推理是在给定的模型中计算目标变量的后验概率分布。

7.4 贝叶斯网络的构建

一个贝叶斯网络由网络结构表示其定性部分，由条件概率分布表示其定量部分。除了对域进行定义，这两部分必须加以指明以构成一个贝叶斯网络，之后在一个基于知识的系统中被用作推导引擎。

构造贝叶斯网络可分为四个阶段：

（1）定义域变量。在某一领域，确定需要哪些变量描述该领域的各个部分，以及每个变量的确切含义。

（2）确定网络结构。由专家确定各个变量之间的依赖关系，从而获得该领域内的网络结构。在确定网络结构时必须注意要防止出现有向环。

（3）确定条件概率分布。通过由专家确定的网络结构来量化变量之间的依赖关系。

（4）运用到实际系统中，并根据系统产生的数据优化贝叶斯网络。

作为一个诊断助手，考虑下面的简单知识库和假设：

支气管炎←流感

支气管炎←吸烟

咳嗽←支气管炎

气喘←支气管炎

发烧←流感

喉咙痛←流感

假设：吸烟，非吸烟者，流感

假设希望诊断助手能够推断出患者的气喘和咳嗽的主要原因：

（1）Agent 可以观察到咳嗽、气喘、发烧，并且询问病人是否吸烟。因此，有对应这些因素的变量。

（2）Agent 希望了解其他病人的症状和各种可能的治疗方法；如果是这样，这些也应该是变量。

（3）存在有用的变量可预测出病人的结果。医学界已命名的这些特点及对其症状进行特征化。在这里，我们使用支气管炎和流感变量。

（4）考虑这些变量直接依赖于什么。患者是否哮喘取决于他们是否有支气管炎。他们是否咳嗽取决于他们是否有支气管炎。患者是否有支气管炎取决于他们是否有流感，以及是否吸烟。患者是否发烧取决于他们是否有流感。根据以上步骤得到的诊断助手的贝叶斯网络如图 7-5 所示。

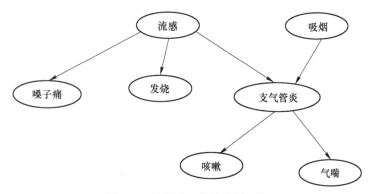

图 7-5　诊断助手的贝叶斯网络

选择变量的值，涉及要考虑到所推断内容的详细程度。可以对每个疾病或症状的严重程度进行编码，把它们作为变量的值。例如，对于气喘变量可以使用重度、中度、轻度或无气喘。通过对疾病的所有特征进行表征，可以在一个较低的抽象层次上建立疾病的模型。可以在一个抽象的层次上建立一个域，只考虑症状和疾病的存在或不存在。每一个变量是一个域为 {true，false} 的布尔值，表示相关的疾病或症状的存在或不存在。

评定每个变量是怎样依赖于其父节点，靠其父节点的每个变量的条件概率来给定：

$P($流感$) = 0.05$

$P($吸烟$) = 0.2$

$P($喉咙痛 | 流感$) = 0.3$

$P($喉咙痛 | 非流感$) = 0.001$

$P($发烧 | 流感$) = 0.9$

$P($发烧 | 非流感$) = 0.05$

$P($支气管炎 | 流感 $\wedge$ 吸烟$) = 0.99$

$P($支气管炎 | 流感 $\wedge$ 不吸烟$) = 0.9$

$P($支气管炎 | 非流感 $\wedge$ 吸烟$) = 0.7$

$P($支气管炎 | 非流感 $\wedge$ 不吸烟$) = 0.0001$

$P($咳嗽 | 支气管炎$) = 0.8$

$P($咳嗽 | 无支气管炎$) = 0.07$

$P($气喘 | 支气管炎$) = 0.6$

$P($气喘 | 无支气管炎$) = 0.001$

通过对症状观察和疾病的后验概率来进行诊断。在任何观察之前，我们可以得到几个概率：$P($吸烟$) = 0.2$；$P($流感$) = 0.05$；$P($支气管炎$) = 0.18$。一旦观察到气喘，以上三者发生的概率更高：$P($吸烟 | 气喘$) = 0.79$；$P($流感 | 气喘$) = 0.25$；$P($支气管炎 | 气喘$) = 0.998$。

概率推理就是在给定一些证据的条件下，计算查询变量的后验概率分布。

贝叶斯网络理论将先验知识与样本信息相结合、依赖关系与概率表示相结合，是数据挖掘和不确定知识表示的理想模型。与数据挖掘中的其他方法如粗糙集理论、决策树、人工神经网络等相比，贝叶斯网络具有下列优点：

（1）贝叶斯网络将有向无环图与概率理论有机结合，不但具有正式的概率理论基础，同时也具有更加直观的知识表示形式。一方面，它可以将人类所拥有的因果知识直接用有向图自然直观地表示出来；另一方面，也可以将统计数据以条件概率的形式融入模型中。这样贝叶斯网络就能将人类的先验知识和后验的数据完美地结合，克服框架语义网络等模型仅能表达处理信息的弱点和神经网络等方法不直观的缺点。

（2）贝叶斯网络与一般知识表示方法不同的是对于问题域的建模，当条件或行为等发生变化时，不用对模型进行修正。

（3）贝叶斯网络可以图形化的方式表示随机变量间的联合概率，能够处理各种不确定信息。

（4）贝叶斯网络没有确定的输入或输出结点，结点之间是相互影响的，任何结点观测值的获取或者对于任何结点的干涉，都会对其他结点造成影响，并可以利用贝叶斯网络推理来进行估计和预测。

贝叶斯网络的推理是以贝叶斯概率理论为基础的，不需要外界的任何推理机制，不但具有理论依据，而且将知识表示与知识推理结合起来，形成统一的整体。

⑧ 多代理智能规划系统

随着计算机网络的迅速发展，许多应用系统变得越来越复杂，异质、分步是其主要特点。在这种背景下，分布式人工智能（DAI）应运而生。分布式人工智能主要研究在逻辑上或物理上分散的智能系统如何并行地、相互协作地实现问题求解。DAI 可分为两个大方向：分布式问题求解（DPS）和多 Agent 系统。在一个 DPS 系统中，问题被分解成任务，并且由一些专用的任务处理系统求解这些任务，系统的控制是全局性的。在某种程度上，分布式问题求解是为了解决计算效率的问题，但是很难处理不同实体间发生的冲突问题。针对这种情况，人们提出了多 Agent 系统的概念。在一个多 Agent 系统中，Agent 是自主的，它们可以是不同的个人或组织，采用不同的设计方法和计算机语言开发而成，因而可能是完全异质的，没有全局数据，也没有全局控制。这是一种开放的系统，Agent 加入和离开都是自由的。系统中的 Agent 共同协作，协调它们的能力和目标以求解单个 Agent 无法解决的问题。

8.1 Agent 的相关知识

Agent 技术的两个主要特征是智能性和代理能力。智能性是指应用系统使用推理、学习和其他技术来分析解释它接触过的或刚提供给它的各种信息和知识的能力。代理能力指 Agent 能感知外界发生的消息，并根据自己所具有的知识自动作出反应。

8.1.1 Agent 的分类

Agent 的分类可以根据体系结构、属性和功能的不同来进行分类：

（1）根据 Agent 所采用的体系结构的不同可以把 Agent 分为：认知式 Agent、反应式 Agent、混合式 Agent。

（2）应用于 IT 领域的 Agent，除了具备自治性、交互性、反应性、能动性这些基本属性外，还可以有选择地具有其他一些属性。这些附加属性的出现导致了各种类型 Agent 的出现，包括可移动 Agent、可协作 Agent、智能 Agent、推理 Agent、竞争 Agent、软件 Agent、硬件 Agent、网络 Agent 等，也包括带有多个属性或功能的复合型 Agent。

8.1.2 Agent 的优越性

（1）问题领域有着广泛性、复杂性和不可预测性的特点。采用 Agent 技术可以将一个大而复杂的问题分解成许多较小、较简单的问题，使问题得以简化。

（2）当问题领域涉及大量不同的问题求解实体（或数据资源），而这些实体在物理或逻辑上又是分布的，并且需要相互协作以解决公共问题时，Agent 技术是一种有效的选择。

（3）Agent 的表示方式简单明了，软件的功能可以从其名字的喻意上推敲出来。

虽然 Agent 具有自主性、交互性、反应性、主动性、学习性和移动性等智能特性，但单个的 Agent 对问题的解决能力有限，很难完成动态分布、网络和异构情况下的大型、复杂问题。正如一个人不能离开他所存在的集体、社会而单独存在一样。Agent 的研究最终要融入多 Agent 系统，研究单个 Agent 的最终目的是将它放入 MAS 中，解决大型、复杂问题，这就导致了 Agent 系统的出现。

8.2 MAS 中的规划

智能规划问题的研究，其范围不断在扩大。在 2010 年的 ICAPS 上专门讨论了多 Agent 规划（MAP）问题。多 Agent 规划问题的主要困难在 Agent 间的合作，在寻找其规划解的过程中，单个 Agent 往往只考虑自身的执行情况，缺乏全局观，且系统环境也在动态变化。因此解决让多 Agent 在互不干扰的情况下，能够有一定的合作关系，共同完成一个任务这一难题具有重要的意义。

基于多 Agent 的规划系统可以实现以下目标：

完成单个 Agent 无法完成的 Agent；

一组机器人可以更快地完成给定的任务；

机器人可以有效地利用专家的知识；

机器人可以有效地为自己定位；

提供鲁棒性更好的解答；

提供多种解决方案。

8.2.1 多 Agent 规划的形式化描述

一个 MAS 的 MA-STRIPS 问题是一个四元组 $\Phi = \, <\, p, \ \{A_i\}_{i=1}^{k}, \ I, \ G\, >$，其中，$P$ 为命题集合；I 为初始状态；G 为目标条件；A_i 是第 i 个 agent 能够执行的动作集合，每个动作 $a \in A_i$ 是标准 d 的 STRIPS 动作，由前提、增加效果和删除效果组成。相比经典的 STRIPS，MA-STRIPS 为每个 agent 指定动作集合用来表征其能力，$k=1$ 时 MA-STRIPS 就是经典 STRIPS。将 agent 名加入动作参数可将 MA-STRIPS 问题编译成经典规划，但复杂性高且隐藏了由 agent 能力决定的内在任务分解，也可增加 agent 间合作约束和规划内部约束用 CSP 技术求解。这在 MAS 耦合度低，即 Agent 进行子规划时少有交互有效。后继研究在 MA-STRIPS 问题中增加动作代价函数和目标报酬函数，以构建基于联合或者拍卖的游戏规划模型。

8.2.2　MA-PDDL

带有隐私的 MA-PDDL（Multi-Agent PDDL）的语法定义由 PDD3.1，MA-PDDL 的初始定义，MA-STRIPS 中的隐私定义扩展而来。隐私描述增加的语法部分如下：

（1）领域描述：

<constants-def>::=：factored-privacy（：constants <typed list（name）> [<private-objects>]）<constants-def>::=：multi-agent +：unfactored-privacy（：constants <typed list（name）> <private-objects> * ）

<private-objects>::=：factored-privacy（：private <typed list（name）>）

<private-objects>::=：multi-agent +：unfactored-privacy（：private <agent-def> <typed list（name）>

<predicates-def>::=：factored-privacy（：predicates <atomic formula skeleton>⁺ [<private-predicates>]）

<predicates-def>::=：multi-agent +：unfactored-privacy（：predicates <atomic formula skeleton>⁺ <private-predicates> * ）

<private-predicates>::=：factored-privacy（：private <atomic formula skeleton>⁺）

<private-predicates>::=：multi-agent +：unfactored-privacy（：private <agent-def> <atomic formula skeleton>⁺）

<atomic formula skeleton>::=：factored-privacy（<predicate> <typed list（term）>）

<atomic function skeleton>::=：factored-privacy（<function-symbol> <typed list（term）>）

<functions-def>::=：fluents +：factored-privacy（：functions <function typed list（atomic function skeleton）> [<private-functions>]）

<functions-def>::=：fluents +：multi-agent +：unfactored-privacy（：functions <function typed list（atomic function skeleton）> <private-functions> * ）

<private-functions>::=：fluents +：factored-privacy（：private <function typed list（atomic function skeleton）>）

<private-functions>::=：fluents +：multi-agent +：unfactored-privacy（：private <agent-def> <function typed list（atomic function skeleton）>）

（2）问题描述：

<object declaration>::=：factored-privacy（：objects <typed list（name）> [<private-

objects>])

<object declaration>:: =: multi-agent +: unfactored-privacy (: objects <typed list (name) > <private-objects> *)

: unfactored-privacy 允许声明每个 agent 的私有谓词、常量和对象，: unfactored-privacy 和: multi-agent 同时使用，非私有常量是公开的，一个包含非私有谓词和非私有命题参数的命题（原子）是公开命题，否则为私有命题。

: unfactored-privacy 和: factored-privacy 是互斥的。: factored-privacy 与: unfactored-privacy 的不同之处在于其中不包含其他 agent 的私有谓词/常量/对象，它描述的是单个 agent 信息，而假设其他 agent 是不可观测的。

: multi-agent 标签允许声明包含多智能体的规划领域和问题，在 PDDL3. 1 上扩充的语法如下：

<problem>:: =(define (problem <name>)
(: domain <name>)
[<require-def>]
[<object declaration>]
<init>
<goal>+
[<constraints>]: constraints
<metric-spec> * : numeric-fluents
[<length-spec>])

<object declaration>:: = (: objects <typed list (name) >)

<object declaration>:: =: factored-privacy (: objects <typed list (name) > [<private-objects>])

<object declaration>:: =: multi-agent +: unfactored-privacy (: objects <typed list (name) > <private-objects> *)

<init>:: = (: init <init-el> *)

<init-el>:: = <literal (name) >

<init-el>:: =: timed-initial-literals (at <number> <literal (name) >)

<init-el>:: =: numeric-fluents (= <basic-function-term> <number>)

<init-el>:: =: object-fluents (= <basic-function-term> <name>)

<basic-function-term>:: = <function-symbol>

<basic-function-term>:: = (<function-symbol> <name> *)

<goal>:: = (: goal <pre-GD>)

<goal>:: =: multi-agent (: goal
[: agent <agent-def>]
[: condition <emptyOr (pre-GD) >)

<constraints>:: =: constraints (: constraints <pref-con-GD>)

\<pref-con-GD>:: = (and \<pref-con-GD> *)

\<pref-con-GD>:: =: universal-preconditions (forall (\<typed list (variable) >) \<pref-con-GD>)

\<pref-con-GD>:: =: preferences (preference [\<pref-name>] \<con-GD>)

\<pref-con-GD>:: = \<con-GD>

\<con-GD>:: = (and \<con-GD> *)

\<con-GD>:: = (forall (\<typed list (variable) >) \<con-GD>)

\<con-GD>:: = (at end \<GD>)

\<con-GD>:: = (always \<GD>)

\<con-GD>:: = (sometime \<GD>)

\<con-GD>:: = (within \<number> \<GD>)

\<con-GD>:: = (at-most-once \<GD>)

\<con-GD>:: = (sometime-after \<GD> \<GD>)

\<con-GD>:: = (sometime-before \<GD> \<GD>)

\<con-GD>:: = (always-within \<number> \<GD> \<GD>)

\<con-GD>:: = (hold-during \<number> \<number> \<GD>)

\<con-GD>:: = (hold-after \<number> \<GD>)

\<metric-spec>:: =: numeric-fluents (: metric \<optimization> \<metric-f-exp>)

\<metric-spec>:: =: multi-agent +: numeric-fluents (: metric
　　　　　　　　　　　　　　　　　[: agent \<agent-def>]
　　　　　　　　　　　　　　　　　: utility \<optimization> \<metric-f-exp>)

\<optimization>:: = minimize

\<optimization>:: = maximize

\<metric-f-exp>:: = (\<binary-op> \<metric-f-exp> \<metric-f-exp>)

\<metric-f-exp>:: = (\<multi-op> \<metric-f-exp> \<metric-f-exp>+)

\<metric-f-exp>:: = (- \<metric-f-exp>)

\<metric-f-exp>:: = \<number>

\<metric-f-exp>:: = (\<function-symbol> \<name> *)

\<metric-f-exp>:: =: multi-agent (\<function-symbol> \<term> *)

\<metric-f-exp>:: = \<function-symbol>

\<metric-f-exp>:: = total-time

\<metric-f-exp>:: =: preferences (is-violated \<pref-name>)

\<length-spec>:: = (: length [(: serial \<integer>)] [(: parallel \<integer>)])

MA-PDDL（Multi Agent PDDL）是 PDDL3.1 的简约模态扩展，即增加了（: multi-agent requirement）允许多个 Agent 参加规划。MA-PDDL 扩展部分与 PDDL3.1 的特性兼容并包含了多 Agent 规划语言的大多数问题，它增加了区分不同 Agent 的可能不同的动作（即不同的功能）的能力。类似地，不同的 Agent 可以具有不同的目标和标准。行动的先决条件现在可以直接参考并发行为（如其他代理的行为），因此相互有影响的动作可以用一种通用、灵活的方式表示。例如，假设两个代理需要共同将一个很重的桌子抬起，桌子也可能仍在地面上（这是建设性的协同作用的一个例子，但破坏性的协同作用也可以轻松地用 MA-PDDL 表示）。此外在 MA-PDDL 还引进了动作的继承和多态机制、目标和尺度等（assuming：typing is declared）。因为 PDDL3.1 假设环境是确定的和完全可观测的，同样适用于 MA-PDDL。即每个代理可以在每一个时刻访问每一个状态流的值，可以观察每个代理先前执行过的动作，同时明确确定的并发行为环境的下一个状态，并在后来的部分可观察和概率效果中进行了改进（在形式上增加了两个模态要求,：partial-observability 和：probabilistic-effects）。

为使描述尽量简洁，这里以图 3-3 积木块世界的规划问题为例，看如何用 MA-PDDL 语言对积木块世界进行描述。一般情况下，用 MA-PDDL 语言对规划问题进行描述分为两部分：一部分为领域描述部分 domain. pddl；另一部分是问题描述部分 problem. pddl，例如对积木块世界的领域描述内容如下所示：

```
(define (domain blocks)                                    //领域名称
    (：requirements：factored-privacy：typing)            //所能处理的问题类型
(：types
        agent block - object
)
(：predicates                                              //领域中所涉及的谓词
    (on ? x - block ? y - block)
    (ontable ? x - block)
    (clear ? x - block)
    (：private
        (holding ? agent - agent ? x - block)
        (handempty ? agent - agent)
    )
)
(：action put-downm
    ：parameters (? a - agent ? x - block)
    ：precondition
        (holding ? a ? x)
    ：effect (and
        (not (holding ? a ? x)) (clear ? x) (handempty ? a) (ontable ? x)
    )
)
(：action stack
    ：parameters (? a - agent ? x - block ? y - block)
    ：precondition (and    (holding ? a ? x)    (clear ? y)
```

```
            )
       ：effect（and（not（holding ? a ? x））（not（clear ? y））（clear ? x）（handempty ? a）（on
? x ? y）
            )
       )
    (：action unstack
        ：parameters（? a - agent ? x - block ? y - block）
        ：precondition（and（on ? x ? y）（clear ? x）（handempty ? a）
            )
        ：effect（and（holding ? a ? x）（clear ? y）（not（clear ? x））
                （not（handempty ? a））   （not（on ? x ? y）））
            )
    )
)
```

与上面领域描述相对应的规划问题描述文件 problem-.pddl 可表示成下列
形式：

```
(define（problem BLOCKS-4-0）        //规划问题名称
(：domain blocks)                   //规划领域名称
(：objects                          //规划问题中所有对象变量
    a-block   c- block   b-block   e-block   d-block
    g-block   f-block   i-block   h-block
    (：private
        a1-agent
    )
)
(：init                                    //规划问题初始状态
    （handempty a1）
    （clear c）（clear f）（ontable c）（ontable b）（on f g）
    （on g e）（on e a）（on a i）（on i d）（on d h）（on h b）
    )
(：goal                                    //规划问题目标状态
    （and
        （on g d）（on d b）（on b c）（on c a）
        （on a i）（on i f）（on f e）（on e h）
                                )
    )
)
```

经过扩展的 multi-agent 规划语言，可以建模并发动作和交互效果，可以用来建模竞争、合作或混合关系问题。agent 可以具有不同的动作、目标和效用，可以描述 agent 或动作之间的直接关系，区分 agent 和非 agent 对象，刻画动作、目标和效用的继承和多态关系，区分同一个域中不同问题里的不同 agent，适用于全部可观察或部分可观察的规划问题，允许使用 PDDL3.1 的部分特性或组合特性。

在 2015 年举办的多 Agent 智能规划国际大赛中，为采用 Agent 技术的规划器提供了一个开放的平台，比赛分为集中式和分散式两组。图 8-1 和图 8-2 分别描述了两组规划器的体系结构。

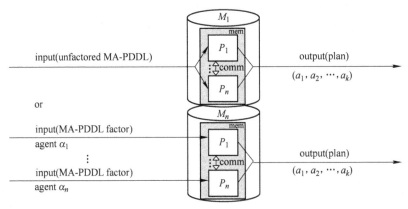

图 8-1　集中式多 Agent 规划系统

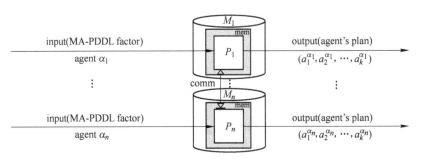

图 8-2　分布式多 Agent 规划系统

图中 P_1，$\cdots$，P_n 代表规划进程，在集中式结构中可以包含任意数量的进程，在分布式结构中与 agents 相对应的进程 a_1，$\cdots$，a_n 运行在机器 M_1，$\cdots$，M_n 上，comm 与 mem 代表 agents 之间的通信和共享内存，规划的输出为排序的动作列表 a_1，$\cdots$，a_k。

本次比赛共提交了 15 个规划器，其中有 C++(5)、Java(4)、Python(2)、Lisp(2)、C#(1)、C(1)。有 11 个规划器运行在 *nix 操作系统平台上，以命令行方式运行。比赛结果从规划器的完备性、最优性、运行时间、运行代价、隐私信息的处理、agents 的通信方式、体系结构等方面对规划区进行综合评价并排名。图 8-3 给出了部分规划器的比赛结果。

Domain	#Problem	(d) MH-FMAP		(d) MAPLan/LM-Cut		(d) MAPlan/MA-LM-Cut	
		#Solved	Ratio	#Solved	Ratio	#Solved	Ratio
blocksworld	20	0	0.00	2	0.10	1	0.05
depot	20	2	0.10	5	0.25	2	0.10
driverlog	20	18	0.90	15	0.75	9	0.45
elevators08	20	9	0.45	2	0.10	0	0.00
logistics00	20	4	0.20	4	0.20	5	0.25
rovers	20	8	0.40	1	0.05	1	0.05
satellites	20	18	0.90	2	0.10	4	0.20
sokoban	20	4	0.20	13	0.65	4	0.20
taxi	20	20	1.00	19	0.95	14	0.70
wireless	20	0	0.00	3	0.15	2	0.10
woodworking08	20	8	0.40	3	0.15	4	0.20
zenotravel	20	16	0.80	6	0.30	6	0.30
Sum	240	107	0.45	75	0.31	52	0.22

(a)

(d) MAPlan/FF+DTG		(d) PSM-VRD		(d) PSM-VR		MADLA		CMAP-t		CMAP-q	
#Solved	Ratio	#Solved	Ratio	#Solved	Ratio	#Solved	Ratio	#Solved	Ratio	#Solved	Ratio
14	0.70	20	1.00	12	0.60	19	0.95	20	1.00	19	0.95
10	0.50	16	0.80	1	0.05	0	0.00	17	0.85	17	0.85
18	0.90	20	1.00	16	0.80	15	0.75	19	0.95	19	0.95
9	0.45	5	0.25	2	0.10	18	0.90	20	1.00	18	0.90
16	0.80	16	0.80	0	0.00	19	0.95	20	1.00	19	0.95
18	0.90	18	0.90	14	0.70	19	0.95	20	1.00	20	1.00
19	0.95	13	0.65	13	0.65	20	1.00	20	1.00	20	1.00
14	0.70	17	0.85	7	0.35	10	0.50	13	0.65	13	0.65
19	0.95	20	1.00	9	0.45	7	0.35	20	1.00	20	1.00
4	0.20	0	0.00	0	0.00	2	0.10	5	0.25	5	0.25
14	0.70	19	0.95	9	0.45	6	0.30	16	0.80	15	0.75
19	0.95	16	0.80	16	0.80	19	0.95	20	1.00	19	0.95
174	0.72	180	0.75	99	0.41	154	0.64	210	0.88	204	0.85

(b)

图 8-3 Multiagent 规划器结果对照

参 考 文 献

[1] 拉塞尔, 诺文. 人工智能——一种现代方法 (第二版) [M]. 姜哲, 等译. 北京: 人民邮电出版社, 2010.

[2] 张连文, 郭海鹏. 贝叶斯网引论 [M]. 北京: 科学出版社, 2006.

[3] Boutilier C. Correlated Action Effects in Decision Theoretic Regression [J]. Proc. UAI-97, Providence, RI, 1997: 30~37.

[4] Pearl J. Probabilistic Reasoning in Intelligent Systems: Networks of Plausible Inference [J]. Morgan Kaufmann, San Mateo, 1988.

[5] Boutilier C, Friedman N, Goldszmidt M, et al. Context-specific Independence in Bayesian Network [J]. Proc. UAI-96, Portland, OR, 1996: 115~123.

[6] 王健. 机器人导航 POMDP 算法研究 [D]. 哈尔滨: 哈尔滨工程大学硕士论文, 2008.

[7] Bertsekas D P, Castanon D A. Adaptive Aggregation for Infinite Horizon Dynamic Programming [J]. IEEE Trans. Aut. Cont., 1989, 34: 589~598.

[8] Iris Bahar R, Frohm E A, Gaona C M, et al. Algebraic Decision Diagramsand their Applications [C]. International Conferences Computer-Aided Design, IEEE, 1993: 188~191.

[9] 饶东宁, 蒋志华, 姜云飞. 规划领域定义语言的演进综述 [J]. 计算机工程与应用, 2010, 46 (22): 23~25.

[10] 侯振挺. 马尔可夫决策过程 [M]. 长沙: 湖南科学技术出版社, 1998.

[11] 闫书亚, 殷明浩, 谷文祥, 等. 概率规划的研究与发展 [J]. 智能系统学报, 2008, 3 (1): 9~21.

[12] 潘云霞. 智能车的寻迹规划研究 [D]. 广州: 中山大学, 2014.

[13] 谷文祥, 殷明治, 徐丽, 等. 智能规划与规划识别 [M]. 北京: 科学出版社, 2010.

[14] 陈蔼祥. 规划问题编码成 SAT 问题研究 [J]. 计算机工程与应用, 2009, 45 (14): 39~45.

[15] 姜云飞, 杨强, 凌应标, 等. 自动规划: 理论和实践 [M]. 北京: 清华大学出版社, 2008.

[16] 吴康恒, 姜云飞. 基于模型检测的领域约束规划 [J]. 软件学报, 2004, 15 (11): 1629~1640.

[17] 徐周波, 古天龙. 约束满足问题求解的符号 OBDD 技术 [J]. 桂林电子科技大学学报, 2010, 30 (6): 570~572.

[18] Kautz H A, Selman B. Planning as Satisfiability [C]. ECAI, 1992: 359~363.

[19] Zamani Z, Sanner S, Poupart P, et al. Symbolic Dynamic Programming for Continuous State and Observation POMDPs [C]. In Proceedings of the 26th Annual Conference on Advances in Neural Information Processing Systems (NIPS-12), Lake Tahoe, USA, 2012.

[20] Sanner S. Future Directions for First-order Decision-theoretic Planning [C]. Research Proposal, University of Toronto, 2005.

[21] 陈蔼祥, 姜云飞, 柴啸龙. 规划的形式表示技术研究 [J]. 计算机学报, 2008, 35 (7): 105~110.

［22］吕帅.基于自动推理技术的智能规划方法研究［D］.长春：吉林大学，2010.

［23］赵伟楠.对可满足性（SAT）问题求全解的算法研究及实现［D］.北京：北京交通大学，2009.

［24］Sanner S，Mcallester D. Affine Algebraic Decision Diagrams and their Application to Structured Probabilistic Inference［J］.International Joint Conference on IJCAI，2005，26（2）：1384～1390.

［25］吕帅，刘磊，石莲，等.基于自动推理技术的智能规划方法［J］.软件学报，2009，20（5）：1226～1240.

［26］刘志宇.基于 PDDL 语言的入侵警报描述方法的研究［D］.长春：吉林大学，2011.

［27］王腾飞，徐周波，古天龙.弧一致性符号 ADD 算法及在 CSP 求解中的应用［J］.计算机科学，2013，40（12）：243～247.

［28］边芮，姜云飞，吴向军，等.基于派生谓词的 STRIPS 领域知识提取策略［J］.软件学报，2011，22（1）：57～70.

［29］Drechsler R，Sieling D. BDDs in Theory and Practice［J］.Software Tools for Technology Transfer，2001.

［30］Guestrin C，Koller D，Parr R. Max-norm Projections for Factored MDPs［J］.IJCAI，2001.

［31］Malte Helmert. PDDL Resources［EB/OL］.http：//ipc. informatik. uni-freiburg. de/PddlResources，2009.

［32］Hakan Younes，Michael Littman. PPDDL：The Probabilistic Planning Domain Denition Language［EB/OL］.http：//www. cs. cmu. edu/~lorens/papers/ppddl. pdf，2004.

［33］Scott Sanner，Sungwook Yoon. Rddlsim RDDL Simulator［EB/OL］.http：//code. google. com/p/rddlsim/，2010.

［34］Pascal Poupart. Exploiting Structure to Eciently Solve Large Scale Partially Observable Markov Decision Processes［D］.PhD Thesis，Department of Computer Science，University of Toronto，Toronto，Canada，2005.

［35］Hsu D，Sun W，Rong L N. What Makes Some POMDP Problems Easy to Approximate［C］.In NIPS，2007.

［36］Peter Haddawy，Steve Hanks. Utility Models for Goaldirected Decision-theoretic Planners［J］.Computational Intelligence，1998，14（3）.

［37］Alessandro Cimatti，Marco Roveri. Conformant Planning via Model Checking［C］.In ECP，1999：21～34.

［38］Onet B，Hansen E. Heuristic Search for Planning under Uncertainty［J］.Heuristics，Probability and Causality：A Tribute to Judea Pearl，2010：3～22.

［39］Hoffinann J，Nebel B. The FF Planning System：Fast Plan Generation through Heuristic Search［J］.Journal of Artificial Intelligence Research，2001：253～302.

［40］Kovacs D L. BNF Definition of PDDL3. 1，Unpublished Manuscript from the IPC-2011 and IPC-2014 Website［EB/OL］.http：//helios. hud. ac. uk/scommv/IPC-14/repository/kovacs-pddl-3. 1-2011. pdf，2011.

［41］Kovacs D L. A Multi-Agent Extension of PDDL3. 1［C］.In Proc. of the 3rd Workshop on the

International Planning Competition (IPC), ICAPS – 2012, Atibaia, Sao Paulo, Brazil, 2012: 19~27.

[42] Brafman R I, Domshlak C. From One to Many: Planning for Loosely Coupled Multi-Agent Systems [M]. In Proc. of ICAPS-08, AAAI Press, 2008: 28~35.